健康生活油中来

U0349675

中国农业科学技术出版社

图书在版编目（CIP）数据

健康生活油中来 / 胡志勇主编 . — 北京：中国农业
科学技术出版社，2021.4（2022.4重印）
ISBN 978-7-5116-5251-5

Ⅰ . ①健… Ⅱ . ①胡… Ⅲ . ①食用油—普及读物
Ⅳ . ① TS225-49

中国版本图书馆 CIP 数据核字（2021）第 056628 号

责任编辑　陶　莲
责任校对　李向荣
责任印制　姜义伟　王思文

出 版 者　中国农业科学技术出版社
　　　　　北京市中关村南大街 12 号　邮编：100081
电　　话　（010）82106625（编辑室）（010）82109702（发行部）
　　　　　（010）82109709（读者服务部）
传　　真　（010）82106625
网　　址　http://www.castp.cn
经 销 者　各地新华书店
印 刷 者　北京地大彩印有限公司
开　　本　880mm×1230mm　1/32
印　　张　5.875
字　　数　122 千字
版　　次　2021 年 4 月第 1 版　2022 年 4 月第 2 次印刷
定　　价　39.80 元

《健康生活油中来》
编　委　会

策　　划	陈清梅	冯桂珍	廖丹凤	
顾　　问	赵玉清	赵立山	郑永利	
主　　编	胡志勇			
副 主 编	向　霞	王丽芳	董彩华	郭学兰
参编人员	邓乾春	刘昌盛	杨　陈	许继取
	魏　芳	陈　鹏		

序

开门七件事，柴米油盐酱醋茶，油位居前列。

油脂是人类三大营养素之一，是细胞膜的主要组成因子。细胞膜作为人类身体基本单元——细胞的最外层结构，是防止细胞内外物质自由进出细胞的屏障，保障了细胞内环境的相对稳定，使各种生化反应能够有序运行。油脂还为人类提供了生存所必需的脂肪酸，是人们日常活动 30% 左右的能量来源。此外，油脂还是维生素 A、维生素 D、维生素 E、维生素 K 及胡萝卜素（维生素 A 原）等脂溶性微量营养素的介质。因此可以说，人类离开了油脂（包括其他食物中所含的油脂）就无法生存，吃错了油脂就不会健康。

《健康生活油中来》一书的作者是中国农业科学院油料作物研究所长期从事油料科研和食用油安全、营养研究等领域的专家。他们针对老百姓普遍关心的食用油安全、营养与健康等方面的问题，采用图文并茂的形式，文字通俗易懂，并配合小视频展示、二维码延伸阅读等现代融媒体手段，进行了多层次多角度的解读，科学回答了我们能不能不吃油、为什么要吃油、吃什么样的油更有益于健康、如何科学吃油等老百姓关注的一系列热点问题。

　　相信大家通过阅读此书，能够获得食用油营养与健康的科学知识，为健康生活加油！

中国农业科学院副院长
中国工程院院士

目　录

第一篇　走近食用油

第二篇　为什么要吃油？

第三篇　什么是好油？

第四篇　食用油怎么挑选？

第五篇　食用油怎么吃？

第一篇

走近食用油

1 人类是从什么时候开始吃油的？

　　人类的繁衍生息离不开油脂，中国食用油脂的历史非常久远。远古时代，人类靠狩猎获取食物，这些动物的脂肪，就是远古人获取油脂的主要来源。

　　据史料记载，油最初进入人们的生活是被用作燃料的。《渊鉴类函》记载："黄帝得河图书，昼夜观之，乃令牧采木实制造为油，以绵为心，夜则燃之读书，油自此始。"植物油最初在工业上用来做防水油布、油纸伞等。由于植物油获取简单，作为燃料在古代军事上得以广泛应用。《三国志·满宠传》记载："明年权自将号十万，至合肥新城。宠驰往赴，募壮士数十人，折松为炬，灌以麻油，从上风放火，烧贼攻具"。讲的就是魏国大将满宠用胡麻油烧退吴国十万大军的故事。

　　在"油"字出现之前，人们称油为"膏"或"脂"。据《说文解字》解释："戴角者脂，无角者膏"，意思是说，早期的油都是从动物身上提取出来的，从有角的动物中提炼出来的油称为"脂"，从无角的动物中提炼出来的油称为"膏"。比如牛油、羊油就称为"脂"，猪油则称为"膏"。北魏时期贾思勰所著的《齐民要术》中记载了提取动物油的方法："猪肪炒取脂"，即把动物的油脂剥下来切成块炒，炼出膏油。

　　早在周代，就有食用动物油（脂膏）的记载。第一种食用方法是放入膏油煮肉，第二种食用方法是用膏油涂抹以后将食物放在火上烤，第三种是直接用膏油炸食品。《太平广记》记载："桓玄尝盛陈法书名画，请客观之。客有食寒具，不濯手而执书画，因有污，玄不怪。自是会客不设寒具。"这里的寒具，就是指用膏油炸的面食。

2　人类是从什么时候开始吃植物油的？

据记载，中国自周代开始在很长一段时间内，人们一直都在食用动物油。

植物油的提炼，大约从汉代才开始。东汉刘熙的《释名·释饮食》中有"奈油，捣奈实，和以涂缯上，燥而发之形似油也。奈油亦如之"。植物油具体何时走上餐桌无从考证，但根据史料记载，芝麻油在唐宋已成为极普遍的烹饪用油。《汉书》中记载，张骞从西域带回芝麻，称之"胡麻"。唐《食疗本草》记载食白油麻："滑肠胃，行风气，通血脉，去头浮风，润肌。"北宋科学家沈括的《梦溪笔谈》也提到："如今之北方人，喜用麻油煎物，不问何物，皆用油煎。"

到明代时，食用植物油的种类日益增多。宋应星的科学著作《天工开物》记载："凡油供馔食用者，胡麻、莱菔子、黄豆、菘菜子为上；苏麻、芸薹子次之；茶子次之，苋菜子次之；大麻仁为下。"《天工开物》还详细记载了众多植物油榨取的方法，说明当时植物油的食用已经非常普遍。

3 食用油按原料来源分有哪些种类？

食用油的种类按来源大致可以分为三大类：动物油、植物油和微生物油。

动物油顾名思义就是来源于动物的油。常见的动物油有猪油、牛油、羊油、鸡油等。

在动物油中有一个特殊的种类受到人们的追捧，那就是富含二十碳五烯酸（EPA）、二十二碳六烯酸（DHA）的深海鱼油。普通鱼体内含 EPA、DHA 数量极微，只有深海里的鱼，如三文鱼、马来鲛鱼、黄鱼等体内的 EPA、DHA 含量较高。

植物油是用来源于植物的原料制成的食用油。生活中常见的植物油有菜籽油、大豆油、花生油、芝麻油、玉米油、茶籽油、橄榄油、亚麻籽油、核桃油、棕榈油、棉籽油等，还有通过两种及两种以上植物油调配而成的植物调和油。

微生物油，通俗点来说就是通过一类产油微生物生产的油，又叫单细胞油。产油微生物包括酵母、霉菌、细菌和藻类等，它们在一定条件下可以将一些碳水化合物、碳氢化合物和普通油脂等原料加工生产成油。利用微生物生产油具有很多优点，产量高、生产周期短、不受季节影响，而且还不占用耕地。根据微生物种类的不同，微生物油脂可富含 γ- 亚油酸（GLA）、

DHA 或者花生四烯酸等多种有益人体健康的不饱和脂肪酸成分，目前主要用于婴幼儿乳品、果汁、烘焙食品以及添加到食用油中。

4 食用植物油的油料作物知多少？

　　我们知道，植物种子为了储存能量，会积累一定的油脂或淀粉，因此许多植物的种子都含有油脂。虽然能榨油的植物很多，但这些植物榨的油有的是能吃的，有的是不能吃的。

　　能生产食用油的植物我们通常称为油料作物。油料作物根据种植和产量规模可以大致分为大宗油料作物与特种（小宗）油料作物。一般来说，菜籽油、花生油、大豆油产量高而且常用，为大宗油。相应地，油菜、花生、大豆就是生产这些油的大宗油料作物。

　　除了大宗油料作物能生产食用植物油外，还有许多种类的植物也能生产食用植物油，通常称为特种（小宗）油料作物。比较常见的特种（小宗）油料作物有芝麻、向日葵、亚麻（胡麻）、玉米、油棕、油橄榄、油茶、核桃、椰子等。不常见的特种（小宗）油料作物有红花、紫苏、沙棘、火麻、元宝枫、青刺果等。

　　此外，还有许多植物，它们的主要用途不是榨油，但是也可以生产食用油，产量比较高的有棉籽油、稻米油等，它们分别是棉花和水稻的副产物。还有葡萄、杏、番茄、南瓜、牡丹等水果、蔬菜、花卉植物的种子也都可以用来提炼食用油。

　　生产食用油的油料作物，大多数都属于草本植物，如油菜、花生、大豆、芝麻、向日葵等，一般为一年生作物。还有一些多年生油料作物，如油茶、油棕、油橄榄、核桃、椰子、杏等，称为木本油料作物。木本油料作物一年栽种，多年受益，有的受益时间可长达数十年。

　　我国疆域辽阔，植物种类丰富，随着科学研究的不断深入，未来可能会认识、发现更多的油料作物。

5 我国种植的主要油料作物有哪些？

　　我国是全球最大的油料生产国，油料总产量世界第一。目前我国国产八大食用植物油有菜籽油、花生油、大豆油、棉籽油、茶籽油、葵花籽油、芝麻油和亚麻籽油，相应的油料作物分别为油菜、花生、大豆、棉花、油茶、向日葵、芝麻和亚麻。

　　油菜是我国区域分布最广、种植面积最大的油料作物。在长江流域、西北及华北种植的油菜，一般秋季播种，第二年5月收获，称之为冬油菜。春播秋收的油菜主要分布在新疆西南地区、甘肃、青海和内蒙古等地，称之为春油菜。我国油菜主产区的湖北、四川、湖南等省份每年油菜种植面积达到上百万公顷。

花生在我国分布范围比较广泛，最大的花生产区是以河南、山东、河北为核心的北方产区（含苏北和淮北），其面积和产量均占全国的一半以上。其次为华南产区（含广东、广西、福建、海南及湘南、赣南地区）、长江流域产区（含四川、湖北、湖南、江西、重庆、贵州以及江淮地区）和东北农牧交错带（辽宁、吉林为主）等。

大豆（也称黄豆）是我国重要的粮食作物之一，已有 5 000 年栽培历史，其主产区在我国东北，是一种含有丰富植物蛋白质的作物。大豆虽然也是可以生产食用油的油料作物，但我国的国产大豆，目前最常用于制作各种豆制品、酿造酱油和提取蛋白质等。

棉花原产于亚热带，是一种主要用来采集种籽纤维的作物，在我国主要集中在新疆产区种植。棉籽油是棉花的副产物，毛棉油中含有棉酚、胶质和蜡质，品质较差，不宜直接食用，精炼以后可作为食用油。

油茶是世界四大木本油料之一，主要分布在我国南方亚热带地区的高山及丘陵地带，是我国特有的一种油料。茶籽油的生产主要集中在广西、湖南、江西、云南等地。

向日葵、芝麻和亚麻是中国传统的特色油料，在中国种植历史悠久，主要分布在西北干旱半干旱地区和黄淮、江淮地区。这些特色油料富含油脂，具有独特的脂肪酸成分和生理活性物质，具有较高的药用和综合经济价值，是产区农民的重要种植作物。

6 我国食用油消费有哪些地域特点？

俗话说，一方水土养一方人，当地盛产什么油老百姓便习惯吃什么油。在我国，不同种类食用植物油的消费有着明显的地域特征。

东北的黑土地上"遍地都是大豆高粱"，因此东北人吃得多的便是大豆油了。大豆是一种原产我国的农作物，全世界的大豆都是由我国直接或间接传播出去的。大豆在中国种植了5 000年，历史悠久。大豆的种植区域分布范围很广，除了西北西南地区，其他地区都适合生长。其主产区主要集中在东北三省和黄淮流域。大豆压榨则主要集中在沿海地区和东北地区。因此，大豆油的主要消费群体集中地在东北、华东和华北地区。

提到菜籽油，四川、重庆人绝对是菜籽油的忠实粉丝。火红的辣椒遇上滚烫浓香的菜籽油，释放出很多食客都无法拒绝的香辣味。湖北、四川等长江流域、安徽、江苏等黄淮流域，还有青海、新疆等西北地区，都是菜籽油的重要产地。因此，四川、重庆、湖北、贵州、湖南、安徽、浙江、江苏等地的人主要吃菜籽油。

花生是我国主要的油料作物和休闲食品原料，国内花生广泛分布在除西藏、青海之外的省（市、区），主要集中在黄淮流域、华南、长江流域和东北产区，其中以河南、山东等省种植面积较大。山东、河南、河北、两广居民有食用花生油的习惯。

此外，在河南、四川、湖北、贵州等省与外省的山区交界处，多为土家族、苗族、侗族等少数民族聚居区。那一带山林产品丰富，盛产茶油。土家族、苗族、侗族等少数民族偏爱吃茶油。身处广西、湖南、江西和云南等地山区的人们也吃茶油较多。

 7 油菜是油用植物还是菜用植物？

　　油菜为十字花科植物，油菜的嫩茎叶，又称芸薹、寒菜、薹芥，可供食用。《本草纲目》卷二十六："芸薹（唐本草）[释名] 寒菜（胡居士方）、胡菜（同上）、薹菜（《埤雅》）、薹芥（《沛志》）、油菜（《纲目》）。[时珍曰] 此菜易起薹，须采其薹食，则分枝必多，故名芸薹。而淮人谓之薹芥，即今油菜，为其子可榨油也。"在清代著名食疗养生著作《随息居饮食谱》中，更详细记载了油菜的食用功效："芸薹，辛滑甘温。烹食可

口。散血消肿，破结通肠。子可榨油，故一名油菜。形似菘而本削，茎狭叶锐，俗呼青菜，以色较深也。"由此可知，油菜早期被当作一种叶用蔬菜，它性凉、味甘，具有活血化瘀、解毒消肿、宽肠通便的功效，同时，它的种子可以榨油。

经过育种家一代代的改良，油菜种子的含油量得到不断的提高，使油菜逐渐变成以油用为主的重要油料作物。我国油菜种植区域广泛，从南到北均有种植，是我国第一大食用植物油来源。种植的主要油菜品种油菜籽的含油量在45%左右，目前我国科学家已经选育出了含油量高达65%的超高含油量品种。菜籽油营养丰富，富含脂肪酸和多种维生素。特别是双低菜籽油，脂肪酸组成合理，营养成分均衡，已成为最健康的大宗食用植物油。

为了进一步丰富百姓的菜篮子、提高油菜种植的经济效益，"菜油两用"型油菜品种受到越来越多的关注。作为鲜蔬，油菜菜薹鲜嫩爽口，富含维生素C、B族维生素和微量元素，有益人体健康，深受消费者喜爱。通过采取合理的栽培措施，可在油菜蕾薹期摘取主茎或分枝菜薹作为应时蔬菜或脱水加工蔬菜，摘取菜薹后的油菜对菜籽产量影响不大。

8 花生有哪些用途?

　　花生，原名落花生，是我国产量丰富、食用广泛的一种坚果，又名"长生果""泥豆"等。花生具有一个非常神奇的特点——地上开花，地下结果，民间谚语"青梗绿叶开黄花，泥沙底下做人家"非常形象地描述了花生这一奇妙的特征。

　　花生是油、食兼用的高油脂高蛋白作物，我国花生（果）每年总产量约 1 700 万吨。近几年来我国花生总产量中约 52%

用于榨油，年产花生油近 300 万吨，占国产植物油产量的 25%
以上，是国产植物油的第二大来源（仅次于菜籽油）。

俗话说得好，花生全身都是宝。花生也是我们生活中常见
的食品，不仅物美价廉，而且营养丰富。花生除用作榨油外，
还有多种多样的食用及食品加工用途。大约 40% 的花生被直接
用来鲜食或加工成食品，包括烤（炒）花生果、烤（炒）花生
仁、花生糖、花生奶、花生酥、花生酱、花生芽等。剩余少量
花生用于出口和留种。

花生在我国的分布非常广泛，全国各省（市、区）均有种
植，是我国重要的经济作物和油料作物。

9 大豆的主要用途是榨油吗？

　　大豆，又名黄豆，古称"菽"或"荏菽"，起源于我国，是我国重要粮食作物之一。

　　大豆是一种含有丰富植物蛋白质的作物。由于大豆的营养价值很高，被誉为"豆中之王""田中之肉""绿色的牛乳"等，是数百种天然食物中最受营养学家推崇的食物。大豆最常用来做各种豆制品、榨取豆油、酿造酱油和提取蛋白质。

　　大豆的蛋白质含量高达 40% 左右，在古代是作为主食来食用的。曹植的《七步诗》就写道："煮豆燃豆萁，豆在釜中泣"，说明那时的大豆就是当主食来煮着吃的。到了现代，大豆不再作为主食，这可能是由饮食习惯决定的。在西方，主食是面包。在中国，主食是大米和面，大豆常常被用来做"菜"，比如做豆腐、煮咸豆等。

　　虽然大豆的含油量只有 20% 左右，但是目前我国消费量最大的食用植物油就是大豆油。这是因为豆粕是一种优质的动物饲料，由于畜牧业的推动，我国大量进口的大豆经过压榨加工，约 20% 的加工产品为大豆油，80% 的加工产品为豆粕，豆粕则成为动物饲料的主要部分。我国国产大豆则主要用来食用，包括加工豆腐、豆浆、腐竹等豆制品，提炼大豆异黄酮，制作豆粉等。

健康生活油中来

10 为什么鲜食玉米软嫩爽口，它的油藏在哪里？

　　玉米又称玉蜀黍、番麦、包谷、御麦等，有研究认为中美洲的墨西哥、危地马拉、洪都拉斯等地是玉米的原产地。玉米与水稻、小麦一样，是我国的三大主要粮食作物之一。21世纪以来玉米逐步发展成为粮食、经济、饲料兼用作物，丰年可做饲用、歉年可作粮用。玉米籽粒富含淀粉、蛋白质，但含油量一般只有4%～5%，所以我们日常吃玉米时是不会觉得油腻的。长期以来玉米油在玉米加工产品中只是一种副产品。

　　玉米的种植遍及中国大江南北。玉米籽粒含油量少，而且主要在玉米胚芽中，因此玉米油又称玉米胚芽油。由于玉米胚芽只占整颗玉米籽粒的10%左右，1瓶5升的玉米油要用60万～80万个玉米胚芽来提取。

　　玉米油含有大约85%的不饱和脂肪酸，其中一种人体必需脂肪酸——亚油酸的含量高达55.1%。同时，玉米油还含有丰富的维生素E及植物甾醇，这些都是很好的抗氧化物质，营养价值很高。玉米油口味清淡，做菜清爽可口，不容易产生油腻感，能满足人们对自然清淡饮食风味的需求。

11 葵花籽油是用我们平常嗑的瓜子榨出来的吗？

向日葵又名太阳花、葵花等，属菊科、向日葵属的一年生草本植物。世界上许多国家均有种植，但主要集中在温带地区，如俄罗斯、乌克兰、阿根廷、美国、中国等。向日葵起源于北美，在地理分布、形态特征、生态类型和生理适应性等方面存在着丰富的多样性。

向日葵是世界上重要的油料作物之一，是我国北方地区重要的经济作物，具有适应性强、抗旱、耐瘠薄、耐盐碱等特点，主要分布在内蒙古、新疆、吉林、辽宁、黑龙江、山西、河北、

甘肃等省区。向日葵是集油用、食用、观赏等多种功能于一体的经济作物，分为食用（食葵）、油用（油葵）和观赏等类型。

食葵种子较长，果皮黑白条纹占多数，果皮厚，种子含油量约30%，我们平常嗑的瓜子就是用食葵的种子加工出来的。

油葵的种子较短小，果皮多为黑色，皮薄，种子含油量约45%，葵花籽油主要就是用油葵种子榨出来的。

葵花籽油属半干性油，品质优良，富含不饱和脂肪酸（高达87.5%）。不饱和脂肪酸有降低胆固醇的作用，对心脑血管健康非常重要。此外，向日葵油还含有甾醇、生育酚、磷脂、植物蜡以及类胡萝卜素等营养元素，被誉为"保健植物油"。

12 我国最早开始食用的植物油是芝麻油吗？

　　芝麻油是从芝麻种子中榨取的食用植物油。芝麻在我国有数千年的栽种历史，根据史书的记载，大部分人认为芝麻是由西汉张骞出使西域带回来的，所以，芝麻还有一个胡麻的别名。西汉至元 1 000 多年间，中国的油料作物一直以芝麻占主导地位，据此分析，可以认为芝麻油应该是我国最早开始食用的植物油。

　　芝麻遍布世界上的热带地区以及部分温带地区。在全球芝麻生产中，印度、苏丹、缅甸、中国和坦桑尼亚等国历来是芝

麻的主要生产国。

芝麻是我国重要的特色油料作物，芝麻种子含油量高达55%，我国生产的芝麻大约有一半被用于榨油。芝麻富含 B 族维生素、维生素 E、芝麻素、芝麻林素等特殊功能成分，具有抗氧化稳定性及降血脂、抗高血压、延缓人体衰老等保健功效。芝麻油品质优良，营养丰富，已成为我们日常生活中重要的食用植物油之一。中国自古就有许多用芝麻和芝麻油制作的各色食品和美味佳肴，一直著称于世。

目前，我国芝麻种植分布极不均匀，70% 左右的芝麻集中种植在河南、湖北、安徽三省，此外，江西、江苏、山东、湖南、河北、陕西、山西、辽宁、广西等省（区）均有少量种植。

13 稻谷可以榨油吗？

　　水稻是我国乃至世界最重要的农作物之一，为全世界一半以上的人口提供主食来源。我国是水稻的发源地之一，在浙江浦江上山考古遗址公园发现的一粒已炭化的"万年米"是约10 000年前世界稻作文化在这里起源的实物见证。我国水稻产量和种植面积均居世界第一位，总产量占世界总产量的30%左右。我国水稻产区主要集中在东北地区、长江流域和珠江流域。

　　水稻的种子我们俗称为稻谷，稻谷脱壳之后就是我们日常吃的大米，大米的主要成分是淀粉。那么我们见到的稻米油是从哪里来的呢？原来稻米壳又叫米糠，它富含脂肪，因此可以榨油。

　　米糠是稻米加工中最宝贵的副产品。米糠中不仅含有丰富的脂肪，而且富含多种营养成分，是优质的油料资源。一般来说米糠的含油率为18%～20%，相当于我国的大豆含油量。稻米油不仅含有丰富的植物甾醇、维生素E，还含有一种独特的营养成分——谷维素，可以调整自主神经功能，减少内分泌平衡障碍，改善神经失调症状，是一种优质的食用油。

　　我国是世界上最大的稻米生产国和消费国，稻米与小麦粉、玉米制品一样，是我国的主要粮食品种。我国约有 8 亿人口以稻米为主食，每年因直接食用稻米及其制品所耗用的稻米约 1.4 亿吨。因此，我国拥有极其丰富的米糠资源，为稻米油的生产提供了充足的原料。

14 植物油是怎样榨出来的？

　　植物油是以富含油脂的植物组织（如种仁）为原料，经清理除杂、脱皮／壳、破碎、软化、轧坯、挤压膨化等预处理后，再采用物理或化学方法进行提取获得毛油，通过脱胶、脱酸、脱色、脱臭等精炼工序，去除油脂中的游离脂肪酸等不利成分，使之符合国家标准，成为可食用的成品油。

　　食用植物油的工业化生产一般有两种方法：压榨法和浸出法。在小批量风味油生产中，还采用超临界流体萃取法、水溶剂法和水酶法等。

　　压榨法是用物理压榨方式，从油料中榨油的方法。它源于传统作坊的制油工艺，是将原料经过预处理后，用机械将油料中的油脂挤压出来，然后精炼制成成品。该方法主要适用于菜籽油、花生油、葵花籽油、橄榄油等。

　　浸出法是根据化工原理，用食用级溶剂从油料中抽提出油脂的一种方法。通常原料是预处理后的料胚，或者压榨后的预榨饼，用溶剂（如正己烷为主的六号溶剂、丙烷、丁烷、异己烷等）浸出。该方法适用于大豆油、菜籽油、花生油、葵花籽油等。

　　超临界流体萃取法，就是利用超临界流体为溶剂，从固体

或液体中萃取出某些有效组分，并进行分离的一种技术。超临界流体是指某种气体（液体）或气体（液体）混合物在操作压力和温度均高于临界点时，使其密度接近液体，而其扩散系数和黏度均接近气体，其性质介于气体和液体之间的流体。通常使用二氧化碳作为超临界萃取剂。此法主要用于提取一些易氧化，营养成分易损失的高附加值油料，如沙棘油等。由于工艺成本高，应用范围小。

水溶剂法制油是根据油料特性，水、油物理化学性质的差异，以水为溶剂提取油脂，传统芝麻油加工工艺用此方法。由于提油率低，应用范围小。

水酶法是在水溶剂法基础上发展起来的。以机械和生物酶为手段破坏植物种子细胞壁，以及脂蛋白、脂多糖等"脂类复合体"，使油脂得以释放。

15 不同压榨方法对油的品质有什么影响？

压榨法是靠物理压力将油脂直接从油料中分离出来，主要分为冷榨和热榨两种。

冷榨的主要特点是入榨温度为常温或略高于常温并且压榨过程中原料温度较低，确保油中各种营养成分较少被破坏，油品清亮，气味天然清香，原汁原味，纯天然、绿色。

热榨的特点是将油料作物种子焙炒后榨油，气味香、颜色深，出油率高。比如芝麻油和浓香花生油的香味，是经过焙炒热榨工艺才能获得。但热榨会促使蛋白质过度变性，一些营养活性物质也会损失，比如维生素、类胡萝卜素等。

16 食用油的分类和主要区别有哪些?

食用油的种类多种多样,从不同的角度分类会有不同的区别。

按油料的来源分,有动物油、植物油和微生物油。其中每个大类又有若干小类,比如植物油又可分为菜籽油、大豆油、花生油、芝麻油、玉米油、茶籽油、橄榄油、亚麻籽油、核桃油、棕榈油、棉籽油等。不同油料来源的油,其成分、风味和理化特性均存在差别。

按国家标准分,我国市场上的食用植物油(橄榄油和特种油脂除外)按精炼程度可以分为一级、二级、三级和四级共4个等级(花生油、茶籽油、芝麻油等只有一级和二级之分)。另外,调和油不是油的等级,它通常是由两种以上的食用油按一定的比例调和而成的。

按脂肪酸类别分,有高饱和脂肪酸类油脂(如椰子油等),富含单不饱和脂肪酸类油脂(如茶籽油、橄榄油、菜籽油等),富含多不饱和脂肪酸类油脂(葵花籽油、亚麻籽油、玉米油等)。不同食用油的脂肪酸含量详见附表。

按加工工艺分,目前工业生产食用油主要有"压榨法"和"浸出法"两种。从风味上讲,压榨法能更好地保留油脂原有的香味。从出油率来说,浸出法产量则更高。

17 什么是色拉油？

"色拉油"一词源于西方，是做色拉（凉拌菜）的专门用油。西方人日常膳食习惯是以生蔬菜为主料，辅以各种调味品制作凉拌菜，为了增加营养，需要添加一些食用油。为了保持蔬菜原有的色泽和味道，添加的食用油必须无色无味，由此诞生了色拉油。同时，由于凉菜做好之后常常需要冷藏，色拉油还需要在低温时不出现凝浊现象。所以，色拉油通常是用各种植物原油经脱胶、脱色、脱臭、脱蜡等加工工序精制而成的食用植物油。色拉油通常呈淡黄色，透明且无味。市场上出售的色拉油主要有大豆色拉油、菜籽色拉油、米糠色拉油、葵花籽色拉油和花生色拉油等。

在我国，色拉油是符合 2018 年修订的 8 个食用油商品质量标准的一级油，是加工等级最高的食用油，它的特点是既可以炒菜，又可以凉拌菜。由于色拉油经过了精炼和提纯，在去除杂质的过程中同时也会去除一些植物原料中只溶解于油脂的微量营养元素（脂质伴随物）。而且由于加工工序多，油料中原有的天然抗氧化剂被破坏，保质期相对较短。

18 什么是人造奶油?

人造奶油又称人造黄油,是由希腊语"珍珠"一词转化而来。人造奶油是一种油包水的乳状液体,是精制食用油添加水及其他辅料,经乳化、急冷、捏合而形成的具有天然奶油特色的可塑性制品,风味独特,口感细腻。

人造奶油最初以动物油脂为主要原料,动物油脂结晶颗粒粗大,胆固醇含量较高,不利于人体健康。随着人们生活水平的提高,消费观念逐渐改变,价格便宜、产量大和成分稳定的植物油被广泛应用于人造奶油的生产。

制备人造奶油常用的三大技术包括油脂分提、油脂氢化和油脂酯交换。油脂分提受油脂来源和产品种类的限制,具有一定的局限性。油脂氢化产生的氢化油脂中反式脂肪酸含量较高,对人体健康有害。而油脂酯交换只改变脂肪酸的分布,反应过程不产生反式脂肪酸,在制备零反式脂肪酸人造奶油中得到广泛的应用。

人造奶油起源于国外,为解决当时法国黄油短缺问题,由法国科学家梅吉·穆里斯发明,从发明至今已有 100 多年的历史。人造奶油与人们的日常饮食生活息息相关,如涂抹面包,制作冰激凌、面包糕点、酥皮点心,或用于烹调等。因此,未来人造奶油的发展不仅要保证基本理化指标达标,还要有良好的口感,兼具营养健康。

第二篇

为什么要吃油？

19 为什么人体健康离不开食用油？

碳水化合物、蛋白质和脂肪是人们通过食物获得的三大主要营养素，其中，脂肪的主要来源是食用油，因此，人体健康与食用油息息相关。食用油在人体中发挥着如下功能。

（1）提供能量。每克脂肪在人体内氧化分解产生约 37.6 千焦的热量，每克葡萄糖产生约 16.4 千焦，每克蛋白质产生约 16.7 千焦，三种营养素中同等质量下脂肪提供的热量最高。

（2）提供必需脂肪酸。在众多的脂肪酸中，有一类必需脂肪酸，人体维持机体正常代谢不可或缺，但自身又不能合成，必须通过食物来获取。必需脂肪酸主要包括两种，一种是 ω-3 系列的脂肪酸 α- 亚麻酸，一种是 ω-6 系列的脂肪酸亚油酸。这两种脂肪酸在我们的机体中发挥重要的生理作用，如其是磷脂的重要组成成分，与细胞膜的结构和功能直接相关，是合成前列腺素的前体，参与胆固醇的代谢等。人体主要通过摄入食用油获得 α- 亚麻酸和亚油酸。

（3）提供脂溶性维生素等有益健康的营养物质。食用油中还含有种类丰富的有益人体健康的脂溶性营养物质（脂质伴随物），包括脂溶性维生素（维生素 A、维生素 E 等），磷脂类（卵磷脂、脑磷脂等），甾醇类（菜籽甾醇、豆甾醇等）等。食

用油不仅是这类脂质伴随物的食物来源，同时还可以促进这些物质在肠道内的吸收。这些脂质伴随物对人体具有非常丰富的营养健康功能，如抗氧化，保护机体细胞和组织免受损害，延缓衰老，预防心血管疾病，增强免疫系统，促进血液循环和心脏健康等。

（4）促进碳水化合物代谢和蛋白质的有效利用。食用油进入人体后，其消化吸收主要在小肠完成。在此过程中食用油中的脂质分子可以和蛋白质、碳水化合物分子发生相互作用，促进碳水化合物代谢和蛋白质的有效利用。

（5）调节肠道菌群。最新研究发现，食用油中的脂肪酸可以通过调节肠道菌群，影响人体健康。2016 年 12 月，国际益生菌和益生元科学会专家小组更新了益生元的定义，把食用油中的不饱和脂肪酸也纳入到了益生元的范畴。

（6）改善食物风味。油是常用的调味品，作为加热食物的介质，如在油炸过程中，起到使原料增加香、滑、酥、脆等口味的调味作用，从而增强了食物的风味。

20 食用油的摄入量不合理对人体健康有什么影响？

在众多的食物元素中，油对健康的影响是最大的。一方面，食用油的不同结构和组成具有不同的功能，对健康有不同的影响。另一方面，食用油的摄入量不合理也会对健康产生影响。

研究表明，过多摄入食用油会影响人体胆固醇代谢，与动脉粥样硬化、心血管疾病等密切相关。尤其是过多摄入饱和脂肪酸会显著升高血脂，引起高血压、冠心病和糖尿病等慢性疾

病。此外，饱和脂肪酸还会诱发肥胖，使肠道中有害菌（拟杆菌和嗜球菌）增多，危害身体健康。而油脂摄入过少，则会导致营养不良。

此外，错误的烹饪方式也会破坏食用油的营养，影响食用油的结构和组成平衡，给身体健康造成影响。例如，高温油炸不但会破坏食物的营养成分，过度加热还会产生一些过氧化物和致癌物质。

21 油酸对健康有什么好处？

脂肪酸是人体必需的营养素之一，在体内具有广泛的生理功能和生物效应，与人体健康和疾病密切相关。油酸属于单不饱和脂肪酸，是不饱和脂肪酸的主要组成成分。油酸除了提供机体能量外，对降低人体冠心病、心血管疾病风险等有着积极的作用。

油酸能降低超重人群的心血管疾病和血浆中的低密度脂蛋白胆固醇含量，有利于人体心血管健康，对心脏起保护作用。还具有增强胰岛素敏感性，改善炎症等功效。

由于油酸只有一个不饱和键，结构稳定，具有得天独厚的抗氧化功能，是健康安全的脂肪酸。高油酸含量的食用油在高温下不易氧化变质，保质期长，加热到较高温度时不易冒烟，油烟少，对健康有利。

油酸在植物油中含量丰富，高油酸含量植物油包括茶籽油、橄榄油和菜籽油等，它们的油酸含量分别达 82%、79% 和 63%。其他常见的植物油如花生油、大豆油、玉米油、芝麻油等都含有油酸。

22 亚油酸对健康有什么好处?

亚油酸（ω-6 型脂肪酸）属于多不饱和脂肪酸，也是一种必需脂肪酸，对人体健康非常重要。

首先，亚油酸能降低血液中的胆固醇。研究发现，胆固醇必须与亚油酸结合后，才能在体内进行正常的运转和代谢。如果缺乏亚油酸，胆固醇就会与一些饱和脂肪酸结合，发生代谢障碍，引发心脑血管疾病。

此外，亚油酸还具有降低血脂、软化血管、降低血压、促进微循环的作用，可预防或减少心血管病的发病率，特别是对高血压、高血脂、心绞痛、冠心病、老年性肥胖症等的防治极为有利，能防止人体血清胆固醇在血管壁沉积，有"血管清道夫"的美誉，具有防治心血管疾病的效果。

目前常见的食用植物油普遍都含有亚油酸，在许多食用植物油中含量还非常丰富，比如在大豆油、玉米油、核桃油、棉籽油、葵花籽油和芝麻油中的亚油酸含量高达 40% ~ 60%，在花生油、菜籽油中，亚油酸的含量在 20% ~ 40%。

亚油酸虽好，但也不能多吃。研究表明，亚油酸摄入过多，也会促进炎症反应，引起过敏、衰老，甚至存在诱发癌症的风险。

23　α- 亚麻酸对健康有什么好处？

α- 亚麻酸（ ω-3 型脂肪酸 ）是含有 3 个双键的 18 碳多不饱和脂肪酸，也是一种必需脂肪酸，对人体的健康同样具有重要意义。

α- 亚麻酸可在体内转化为 DHA（二十二碳六烯酸，俗称脑黄金）。DHA 在神经系统和视网膜光受体中含量丰富，是维持脑功能和视紫红质的必需物质，对婴幼儿神经和视觉发育具有

重要作用。

α- 亚麻酸能促进胆固醇的转化和排泄，降低血液黏度，改善血液循环，保持血管弹性，防治动脉硬化和心脑血管疾病。同时，α- 亚麻酸还能促进人体代谢、抗疲劳、增强免疫力、延缓衰老，也能调整前列腺素及荷尔蒙的分泌，起到调节血压和胆固醇、防止性功能退化的作用。

此外，必需脂肪酸是细胞膜和线粒体膜的重要组成成分，参与磷脂的合成并以磷脂的形式出现在细胞膜和线粒体膜中。当必需脂肪酸（亚油酸和 α- 亚麻酸）缺乏时，细胞膜和线粒体膜透性增加，引起上皮细胞功能紊乱。

自然界中，人类目前所发现的含有 α- 亚麻酸最高的食用油是紫苏籽油，平均含量约占 64%，最高可达 70%。此外，α- 亚麻酸在亚麻籽油中约占 62%，牡丹籽油中约占 40%，在菜籽油和大豆油中占 9% 左右。

24 食用油中的有益脂质伴随物对健康有什么好处？

食用油在制备生产成成品油时，除了油脂之外还有一些其他物质，一般统称为脂质伴随物。这些脂质伴随物对人体健康也具有重要的作用。食用油中具有生理活性的有益微量脂质伴随物主要有维生素 E、多酚类物质、植物甾醇、角鲨烯等。

维生素 E，又称生育酚，包括生育酚和生育三烯酚，是一种存在于植物油脂中公认的天然抗氧化剂，广泛分布于各种植物油中，在保护神经元、调节胆固醇代谢等方面具有特殊的生理功能。

植物多酚是分子中具有多个酚羟基结构类植物成分的总称。植物油中含有的多酚不仅对植物油的抗氧化性有着不可替代的作用，还具有很多特殊的生理功能。比如植物多酚还可以作为抗老化剂和防晒剂的有效成分。

植物甾醇是植物油中的一种重要微量脂质伴随物。植物甾醇因结构与胆固醇相似，在微绒毛膜吸收胆固醇时与胆固醇进行竞争，因此能够减少胆固醇的吸收。植物甾醇还具有降低血清中低密度脂蛋白、预防动脉粥样硬化、调节免疫、抑制肿瘤、治疗前列腺疾病等多种生理功能。

角鲨烯最早被发现于深海鲨鱼肝油中，随着研究的深入，

橄榄油、米糠油、菜籽油、大豆油等植物油也被发现含有一定量的角鲨烯。角鲨烯具有极强的抗氧化能力，对机体新陈代谢和免疫系统均存在一定的调节作用，具有抗衰老、抗癌、抗动脉粥样硬化等多种生理功能。

　　除了维生素 E、酚类物质、植物甾醇、角鲨烯外，植物油中还含有叶绿素、β- 胡萝卜素等微量脂质伴随物。一些特定品种的植物油中还含有某些特殊的微量脂质伴随物，如稻米油中的谷维素、芝麻油中的芝麻素等。这些微量脂质伴随物同样具有抗氧化、降低胆固醇等诸多生理功能。

拓展：哪些油中的植物甾醇含量高，植物甾醇允许添加吗？

25 哪些油富含油酸？

天然油酸是顺式结构（反式结构油酸不能被人体吸收），不容易氧化沉积，号称"血管清道夫"。高油酸植物油比其他油脂耐贮藏。富含油酸的食用植物油依含量排序为：茶籽油82%、橄榄油79.9%、菜籽油63%、茶籽油82%、花生油41%、芝麻油39%、棕榈油39%（参见附表）。

茶籽油是植物油中油酸含量最高的，市场上的"茶籽油"90%以上为油茶籽油。茶籽油烟点高、热稳定性好，被认

为是理想的烹饪油。茶籽油中富含活性物质甾醇、生育酚、角鲨烯等，能清除人体自由基，具有调节免疫功能的作用，是综合价值比较高的食用油。

橄榄油中油酸含量很高，是公认的高油酸高营养植物油。但是橄榄油在高温下易起油烟，比较适合凉拌。

菜籽油中油酸含量达 63%，且脂肪酸组成合理，具有丰富的有益人体健康的活性物质，热稳定性好，风味独特，适合煎、炸、炒和凉拌等，广受消费者喜爱。

26 哪些油富含亚油酸？

　　亚油酸具有降低血液中胆固醇、降血脂、软化血管等功能，是一种人体必需脂肪酸。富含亚油酸的食用油中，排名前三的大宗植物油是葵花籽油、玉米油和大豆油。亚油酸在葵花籽油中占 62.2%，在玉米油中占 55.1%，在大豆油中的占比略低于玉米油，为 54.2%。此外，在一些特种油料中亚油酸含量更高，比如红花油和稻米油中的亚油酸含量分别达 73% 和 68%。

　　棉籽油中亚油酸含量约为 57%，还含有约 24% 的饱和脂肪酸，可用作煎炸油、起酥油、人造奶油，也可作为生产硬脂酸、

软脂酸、甘油、丙二酸的工业原料。

　　芝麻油中亚油酸含量约为 45%，同时还含有天然的抗氧化物质，具有抗亚油酸氧化的作用，加上它的特殊香味和制造工艺，深受消费者喜爱。

　　菜籽油中亚油酸含量约为 20%，亚麻籽油为 18.6%，茶籽油为 7.4%，橄榄油为 5.8%，猪油为 9.4%。一些深受当地老百姓喜爱的特殊食用油，如丽江纳西族、藏族和摩梭人食用了几千年的青刺果油，其亚油酸含量高达 36%，目前被广泛用于化妆品领域。

27 哪些油富含 α- 亚麻酸？

α- 亚麻酸是 ω-3 脂肪酸，是生命合成中最基本最原始的物质之一。α- 亚麻酸被人体吸收后，在人体肝脏中可以合成 EPA 和 DHA，对婴幼儿发育和人体健康有重要作用。

在常见的植物油中，富含 α- 亚麻酸的油当属亚麻籽油。亚麻籽油，又称胡麻油，α- 亚麻酸达 62.4%。胡麻为我国甘肃、宁夏、青海、新疆、内蒙古等省区广为种植的特种油料作物。

紫苏油中 α- 亚麻酸的含量也很高（60% 以上）。紫苏子含油量高达 45% ～ 50%，为唇形科植物紫苏的果实。紫苏在我国分布较广，可作为蔬菜和香料食用，也是常用中药。以苏子为原材料制作的地方特色食品，具有降气消痰、平喘润肠的功效。

牡丹籽油含有约 40.3% 的 α- 亚麻酸，同时又富含亚油酸（含量达 21.1%）。牡丹因其具有药用、园林观赏和油用等多种用途，正在成为一种新兴的食用油料作物。

编者制作了一期科普视频，特种油料作物专家的趣味讲述会让你更全面地了解各种特殊的油料作物，用微信扫一扫下方的二维码，关注公众号：中国好油，直接回复：特种油料，就可以看到相关内容。

28　鱼油、磷虾油及提取物有哪些功能及其应用？

　　鱼油是鱼体内全部脂质的统称，包括体油、肝油和脑油，主要成分是甘油三酯、磷甘油醚、类脂、脂溶性维生素，以及蛋白质降解物等。因含有 EPA（二十二碳五烯酸）和 DHA，鱼油具有预防心血管疾病、抑制血小板凝结、健脑益智、增强记忆力、保护视力、预防关节炎、缓解痛风、哮喘、提高免疫力，以及对癌症有一定的抑制作用。市场销售的鱼油种类很多，有EPA、DHA 强化食品，EPA 乳化剂，复方胶丸和鱼油补剂等。药用方面有鱼油降脂丸、健脑口服液、角鲨烯胶丸等。鱼油虽好，也不能过量食用，高剂量食用鱼油会增加出血倾向，降低免疫系统活性，降低机体抗感染能力等。

　　磷虾油，主要来自磷虾。磷虾分布于温哥华岛西岸海域、南极及日本附近海域。研究发现，磷虾油脂提取物中主要含有豆蔻酸、棕榈酸、棕榈油酸、油酸、亚油酸、α- 亚麻酸、EPA 和 DHA。此外，还含有虾红素（或称虾青素）、磷脂质和胆碱。

　　虾青素是一种红色的天然类胡萝卜素，也存在于植物叶、花和水果中。绝大多数海产甲壳类动物和鱼类都含有虾青素。由于天然虾青素具有强烈的抗氧化活性，被赞誉为"超级维生

素 E"，在医药保健和水产动物、家禽、家畜的饲料添加剂中有非常广阔的应用。

　　冰鲜的南极磷虾总虾青素含量高于 3 毫克 /100 克。国家卫生计生委于 2013 年批准磷虾油可用于普通食品，可作为新食品原料。

29 DHA、γ-亚麻酸、花生四烯酸有哪些功能及应用?

DHA 俗称脑黄金，属 ω-3 多不饱和脂肪酸，人体重要的功能脂肪酸之一，是大脑、神经和视觉细胞中重要的成分，能促进婴幼儿的脑部和视力的机能发育，有利于智力、学习和记忆能力的提高，还能降低成年人的血压、血脂和胆固醇。DHA 目前主要来源除鱼油外，另一重要来源是微藻油。微藻油是利用生物工程技术，将优质海藻种投入密闭的系统，通过培养萃取和精炼得到，它以天然的甘油三酯形式存在，更容易被人体吸收，更适合消化系统紊乱者或者婴幼儿食用。此外，微藻油的 EPA 及胆固醇含量低，更安全、稳定，且无海洋污染、不破坏生态环境。

γ-亚麻酸主要来源于月见草。其对婴幼儿健康发育和人体健康都有重要作用，具有降低血压、血脂、胆固醇和抗炎效果。医学上用于治疗心脏病、血管障碍、糖尿病、肥胖症、月经前期综合征以及良性乳腺疾病。为了降低成本和提高产量，γ-亚麻酸逐渐从植物提取发展为工业发酵罐生产。最常用的发酵微生物是丝状真菌被孢霉，发酵后产生丰富的油脂，既富含 γ-亚麻酸，也富含花生四烯酸和 EPA。目前，国内外食品企业正逐步将其添加于包括果冻、饮料、方便面汤料等在内的食品中。γ-

亚麻酸在医药及食品油脂行业也具有广泛的应用前景。

花生四烯酸属 ω-6 系列多不饱和脂肪酸，在哺乳动物体内含量最为丰富。花生四烯酸代谢产生的物质可促进造血干细胞增殖分化、调控食欲及脂质代谢、保护心脏及神经系统、改善血压及免疫功能。近年来，微藻已成为人们获取花生四烯酸的重要来源，特殊培养条件下的微藻，通过光合作用能够合成与积累花生四烯酸，成为营养品、化妆品和药品的重要资源。

30 植物甾醇有哪些功能及应用？

　　植物甾醇具有免疫调节、消炎退热、降低血脂和胆固醇、减少动脉硬化损伤、清除自由基、皮肤保养和抑制癌细胞增生等多种生理功能。用作食品添加剂，既有营养又能抗氧化。作为动物饲料添加，可促进动物生长。油菜中的甾醇作为一种植物激素，能促进蔬菜和农作物生长。因为植物甾醇具有皮肤保湿、抑制皮炎、防晒、防老化等功效，被广泛用于化妆品中。

　　植物甾醇在结构上与动物和人体胆固醇相似，是稳定植物细胞膜的必需成分。天然植物甾醇种类繁多，主要分为游离型和酯化型。坚果和豆类中以游离型植物甾醇为主，谷类食物中则以酯化型植物甾醇为主。植物甾醇通常来源于植物油和加工副产品、谷物及谷物加工副产品、坚果等。每千克天然植物油中含有 1 ～ 5 克植物甾醇。

　　植物甾醇酯是酯化型的植物甾醇，其脂溶性增加，更易溶解于油脂类产品中，提高了甾醇的效用，扩大了应用范围。植物甾醇酯在乳品、奶油、保健品和个人护理品等方面都得到了广泛的应用。如在生产易于氧化的 DHA、EPA 鱼油产品时，添加植物甾醇酯可延长保质期，而且比传统的化学合成抗氧化剂更有益于健康。

第三篇

什么是好油？

31 辨别好油应该关注哪些指标？

随着人们对油脂营养的认知提高，对优质油脂的要求越来越高。现代营养学研究，一般认为营养价值比较高的油脂应该满足这 7 条食用油标准。

（1）不饱和脂肪酸含量高。美国心脏协会（AHA）建议指出，将富含饱和脂肪酸的食物替换为不饱和脂肪酸含量高的食物，可降低 30% 的心血管疾病，对心脏疾病的预防作用堪比他汀类药物。

（2）脂肪酸 ω-6/ω-3 比例合理。ω-6 脂肪酸主要是亚油酸，具有预防胆固醇过高、改善高血压、预防心肌梗死、预防动脉粥样硬化等功能。ω-3 脂肪酸主要是 α- 亚麻酸，具有降低血脂、改善视力、延缓衰老等功能。由于 ω-6 与 ω-3 脂肪酸在体内共同竞争一套代谢酶，因此 ω-6 与 ω-3 脂肪酸的比例对于不同代谢产物的生成以及生理功能有明显影响。结合中国营养学会和世界卫生组织推荐标准 ω-6/ω-3 最佳比例在（4 ～ 6）:1。

（3）饱和脂肪酸含量低。饱和脂肪酸含量低并不是说适当摄入饱和脂肪酸有多大的危害，而是因为过多的摄入饱和脂肪酸，会显著升高血脂，引起高血压、冠心病和糖尿病等慢性疾病。由于饱和脂肪酸从肉食中已经足量摄取，在限制油脂摄入

总量的情况下从植物油中应以补充不饱和脂肪酸为主，尽量减少摄入饱和脂肪酸。

（4）活性功能脂类伴随物含量高。研究表明脂溶性的微量营养素对人体健康具有重要功能。例如脂溶性维生素 A、维生素 D、维生素 E、维生素 K 为机体必需的有机化合物，植物甾醇预防心脑血管疾病，磷脂对生物膜的生理活性和机体的正常代谢有重要调节功能。

（5）色香味形俱佳。油脂色泽金黄，透亮，可增加菜肴的光泽度、起上色定色作用。加热后，油脂中独特的香味物质通过协同增效作用可增加菜肴香味。好的油脂黏度适中，流动性好，煎炒烹炸皆可。

（6）风险因子少。目前食用油安全事件仍时有发生，而质量安全、风险因子少是好油的基本要求。好油应不含或尽量少含在国家标准规定限量以下的塑化剂、反式脂肪酸、苯并 [a] 芘、霉菌毒素等风险因子。

（7）健康功效多。富含有益脂肪酸和活性功能脂类伴随物的油脂具有多种健康功效。例如，含有大量不饱和脂肪酸的菜籽油、亚麻籽油等以及含有丰富植物甾醇的玉米油，可降低血清胆固醇和甘油三酯，能有效地防治心脑血管疾病；含有 DHA、EPA 的海产品油脂和微生物油脂具有保护视力和促进大脑发育的功能。

32　食用油的主要成分是什么？

　　食用油的主要成分是脂肪（即甘油三酯），为一分子甘油与三分子脂肪酸的酯化产物。特别是精炼后的食用植物油，其主要的营养成分就是甘油三酯。甘油三酯通常占到食用油的 95% 以上，所以关注食用油的营养就要关注脂肪和脂肪酸的营养。

　　脂肪酸分为饱和脂肪酸（脂肪酸分子中不含不饱和化学键）和不饱和脂肪酸（脂肪酸分子中含有不饱和化学键）。不饱和脂肪酸又分为单不饱和脂肪酸（分子中含一个双键的脂肪酸，如油酸）和多不饱和脂肪酸（分子中含两个及以上双键的脂肪酸，如亚油酸、α- 亚麻酸）。脂肪酸的种类很多，不同品种的食用油中脂肪酸的类型和含量是不一样的（详见附表），不同的脂肪酸组成也就决定了不同品种的食用油其营养价值也不一样。

33 食用油中什么样的脂肪酸组成是合理的?

脂肪酸是食用油中的主要成分,脂肪酸的组成决定着食用油的品质。

脂肪酸按饱和度的不同,可分为饱和脂肪酸、单不饱和脂肪酸和多不饱和脂肪酸三类。饱和脂肪酸主要有豆蔻酸、月桂酸、棕榈酸、硬脂酸等,单不饱和脂肪酸主要是油酸,多不饱和脂肪酸主要是亚油酸和 α- 亚麻酸。

在人们的日常膳食中,肉类制品已经含有较多的饱和脂肪酸,通常能满足人体对饱和脂肪酸的需求。因此,食用油的脂肪酸成分中可适当降低饱和脂肪酸的含量,而主要以多不饱和脂肪酸和单不饱和脂肪酸为主。

一般情况下,食用油中饱和脂肪酸含量尽量低,油酸含量适量增加,同时含有一定量的亚油酸和 α- 亚麻酸,这样的脂肪酸组成是比较合理的。

亚油酸和 α- 亚麻酸的合理比例,通常认为在(4 ~ 6):1 比较好。

34 橄榄油是最健康的油吗?

橄榄油是从油橄榄果实中榨取的。油橄榄其实不是橄榄，只是它们的果实比较相似罢了。油橄榄是木犀科木犀榄属的油料作物，原产于地中海东岸，现在主要分布在地中海沿岸以及其他地中海气候的地区，比如美国加州。中国没有天然的分布。

橄榄油相对于其他食用油，有它的特别之处：含有丰富的营养物质，如具有抗氧化活性的酚类化合物（如绿原酸、羟

高油酸

酚类

角鲨烯

橄榄油

基酪醇）和萜类化合物（角鲨烯）等；具有非常高的油酸含量
（约80%）；具有橄榄油特有的风味。但橄榄油中缺乏人体必需
脂肪酸α-亚麻酸，不建议长期单一食用。此外，初榨橄榄油烟
点低，其多酚化合物遇高温容易被破坏，不适宜用作煎炸用油，
适于凉拌食物。相比于其他食用油，橄榄油有自己独特的优势，
是相对比较好的食用油，把它称为最健康的油是不科学的。

 拓展：什么是"地中海饮食"？

35 为什么说双低菜籽油是健康的大宗食用油？

　　油菜是我国重要的大宗油料作物，菜籽油占国产食用植物油的半壁江山，在满足人民健康需求的同时，油菜还兼具旅游、生态等多重功能。我国油菜品种改良经过三代科技工作者的努力，菜籽油脂肪酸组成发生了革命性变化，双低菜籽油已经蜕变为非常有益于人类健康的大宗食用油（本书所指的"菜籽油"均为双低菜籽油）。

　　双低油菜是指菜油中芥酸含量低于 3%，菜饼中硫代葡萄糖苷含量低于 30 微摩尔 / 克的油菜品种。利用双低油菜品种收获的菜籽生产出来的食用油即双低菜籽油。目前，市场上的双低菜籽油芥酸含量低于 1%，而油酸和亚油酸含量分别提高到了 63% 和 20% 左右。此外，研究显示，与其他食用植物油相比，双低菜籽油的饱和脂肪酸含量仅为 7% 左右，在所有大宗食用油中是最低的，而橄榄油、茶籽油和花生油分别为 12%、10% 和 20%（参见附表）。

　　双低菜籽油其油酸含量高，并含有 9% 左右珍贵的 α- 亚麻酸。α- 亚麻酸是脑力、记忆力和学习能力等脑力劳动的物质基础，而常见的大多数大宗食用油中 α- 亚麻酸含量较少。而且，双低菜籽油中的油脂活性营养成分如天然维生素 E、植物甾醇

含量丰富，具有降低总胆固醇、提高胰岛素敏感性和预防缺血性中风、促进婴幼儿大脑发育与预防老年痴呆和脑功能障碍等营养功能。美国食品药品监督管理局（FDA）在 2006 年发布的一项健康陈述认为长期食用（19 克 / 天）低芥酸菜籽油可有效降低冠心病的发病风险。

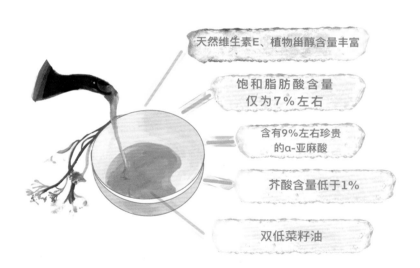

36 什么是功能性食用油？

功能性食用油是指相对于传统食用油而言，含有丰富营养成分、具有特殊生理功能、对人体有一定保健功能、药用功能以及有益健康的一类食用油。

功能性食用油中发挥功效作用的主要是油中含有的必需脂肪酸（如亚油酸、α-亚麻酸）和一些微量有益成分（如植物甾醇、维生素、多酚、磷脂、微量元素等）。因此，功能性食用油主要特征如下：含有人体必需的维生素（如维生素 A、维生素 D、维生素 E 等）、人体必需脂肪酸（如亚油酸、α-亚麻酸等）、人体必需的矿物质和微量元素（如钾、钠、钙、镁等）以及其他具有生理活性的物质（如角鲨烯、茶油苷、茶油甙、异黄酮等），适合高温或其他特殊加工条件等。

功能性食用油种类很多，如 7D 工艺压榨的高品质双低菜籽油，用于补充 α-亚麻酸的亚麻籽油、紫苏籽油等。

健康生活油中来

37 核桃油具有健脑功能吗？

　　核桃含油量高达 65% ～ 70%，是我国目前食用木本油料中含油量最高的，有"树上油库"的美誉。核桃油是将核桃仁通过压榨、精炼、提纯而制成的植物油，色泽为黄色或棕黄色，是人们日常生活中的高级食用烹调油，同橄榄油、茶籽油一样备受消费者青睐。

核桃油中含有超过 65% 的必需脂肪酸，其中亚油酸 57.9%，
α- 亚麻酸 7.6%。α- 亚麻酸是 DHA 的前体物质，可在体内转化
为 DHA，对胎儿和婴儿的脑部、视网膜和肾功能等的健康发育
十分重要。

此外，核桃油中还含有丰富的磷脂，能增加细胞活性，提
高记忆力和智力水平，也是婴儿大脑神经和视觉功能发育所必
需的营养成分。核桃油含有的微量元素锌、锰等是组成脑垂体
的关键成分。因此，核桃油在一定程度上具有健脑的功能。

由于核桃油中亚油酸和 α- 亚麻酸含量高达 65% 以上，且两
者又都是多不饱和脂肪酸，极易氧化，因此，核桃油在保存和
食用过程中要特别注意防止氧化变质。

38 为什么说亚麻籽油营养价值高?

　　亚麻又称为胡麻，在中国属于传统的油料作物，在甘肃、内蒙古、河北等一些地方种植。亚麻籽油是亚麻籽经过相关工艺制取的油类。亚麻籽的含油量高达 30%，其中的脂肪酸多为 α- 亚麻酸。

亚麻籽油最大的优势就是 α- 亚麻酸含量丰富，这也是其他种类的食用油无法与其相比的。α- 亚麻酸是人体必需脂肪酸，在人体中无法合成，只能从食物中摄入。

"三高"患者非常适合食用亚麻籽油。亚麻籽油可降低高血压，减少血脂含量，同时能提高不饱和脂肪酸的水平，改善血液浓度，减低血液黏性，保持血液的流动性，预防血管阻塞及有关疾病。此外，还能阻止血液凝结，预防中风（心脑动脉堵塞）、心脏病等疾病。

亚麻籽油在味道方面，拥有着独特的亚麻香味，烹饪时加入适量的亚麻籽油，会让菜肴更加的美味可口。

39 深海鱼油对人体健康有哪些益处？

　　深海鱼油是指从深海鱼类动物体中提炼出来的动物油脂，主要功能成分为 EPA 和 DHA。深海里的鱼，如三文鱼、马来鲛鱼、黄鱼等体内 EPA、DHA 含量极高。

　　DHA 俗称"脑黄金"，是大脑和视网膜的重要构成成分，在人体脑组织和视网膜的脑磷脂中其含量分别高达其总脂肪酸量的 24% ～ 37% 和 18% ～ 22%，特别在发育期的脑组织和视网膜中含量很高，约占整个脂肪酸的 50%。因此，DHA 常被用于健脑益智，具有增强记忆力与思维能力，提高集中力、注意力及学习工作效率，预防老年痴呆，改善视力、缓解视疲劳等作用。

　　EPA 人称"血管清道夫"，可改善血液黏稠度、调节血脂、促进脂肪代谢、清除血液垃圾、畅通血管，减少心脑血管疾病的发生。

第四篇

食用油怎么挑选？

40 如何读懂食用油的包装和标签？

食用油的生产厂家众多，品种琳琅满目。我们可以通过包装标签从众多产品中选购到优质、健康，符合国家食品安全标准的食用油。

首先要看食用油包装上标签的标注项是否齐全。根据《食品安全国家标准　预包装食品标签通则》（GB 7718—2011）规定，9 项必须标明的内容为：① 食品名称；② 配料表；③ 净含量和规格；④ 生产商和（或）经销者的名称、地址和联系方式；⑤生产日期；⑥ 保质期；⑦ 贮存条件；⑧ 食品生产许可证编号；⑨ 产品标准代号。

此外，还需要标示营养成分、质量等级、制作工艺、产品原料的产地等。原料是经过电离辐射线处理的或是转基因的，也要标示相应字样。

其次要看营养成分表。一般包装上营养成分呈现会以表格的形式，强制标示的内容包括：能量、蛋白质、脂肪、碳水化合物和钠的含量值及其占营养素参考值（NRV）的百分比。部分产品还会标示其他成分，如饱和脂肪酸、不饱和脂肪酸、维生素 A 等，但其醒目程度必须弱于强制标示内容。

值得注意的是包装上可能对某些特殊成分进行了标示，如

富含维生素 E，高角鲨烯含量、高锌等，对其营养功能进行了一定阐述，如：维生素 A 有助于维持皮肤和黏膜健康；锌有助于改善食欲。

　　为了杜绝原料配比不清、以次充好的乱象，促进建立透明规范的消费环境和市场秩序，引领行业高质量发展，2018 年 12 月正式实施的新国标《食品安全国家标准　植物油》（GB 2716—2018）中要求，食用植物调和油的标签应注明各种食用植物油的比例，以便于消费者进行选择。

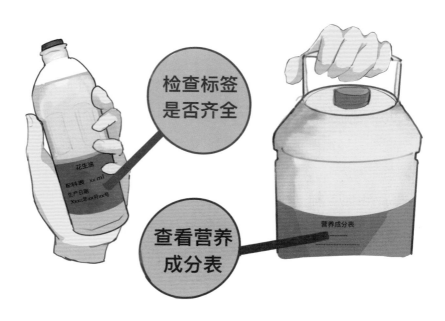

41 价格越高的油越好吗？

　　商品的价格受多种因素影响，食用油也是如此。在超市里，相同容量的油却因品类的不同价格大相径庭。例如，同等容量的橄榄油可能比普通大豆油价格贵了近 20 倍。但是我们不能简单地认为价格越贵，油就越好，就越有利于身体健康。

　　食用油的价格在很大程度上取决于食用油的品质。食用油的品质取决于其特征性脂肪酸组成及微量脂质伴随物的种类及

食用油不是越贵越好，营养均衡配科学才是好的

含量。不饱和脂肪酸有降低胆固醇的作用，对心脑血管健康非常重要，脂质伴随物具有功能特性，可以加强油脂的营养功效。不同的植物油其脂肪酸组成及脂质伴随物各具特色。

橄榄油油酸含量和角鲨烯含量较高，其中油酸含量高达79.9%，角鲨烯含量也高达 1.36~7.08 毫克 / 克，同时含有丰富的脂质伴随物多酚类化合物，但是亚油酸和 α- 亚麻酸的含量较低；而菜籽油则具有合理的脂肪酸配比，同时含有 α- 亚麻酸和丰富的脂质伴随物，如多酚类化合物（canolol）、γ- 生育酚、α-生育酚、Δ 燕麦甾醇、菜油甾醇、菜籽甾醇、β- 谷甾醇、β- 胡萝卜素以及叶黄素醇等；亚麻籽油则是 α- 亚麻酸含量最高的植物油，其含有的木酚素具有抗氧化、抗癌、抗炎症等生理功能。总之，每种食用油都有它的优势，消费者应根据自身需求及健康状况进行选择，不要简单地认为越贵越好。

42　国产油和进口油有什么不同？

　　由于国内植物油原料产量不足，我国食用植物油有一半以上需要从国外直接进口或利用进口植物油料加工，近几年进口量还在呈现不断增长的趋势。

　　进口的植物油主要有大豆油、菜籽油和玉米油，多为转基因植物油，因原材料价格便宜具有一定的市场竞争优势。为了提高产油量和降低成本，厂家主要采用"预榨—浸出"色拉油工艺。

　　国产油与进口油在加工方式和水平上差别不大，我国植物油加工技术已达国际水平，甚至有些加工技术在国际上具有领先优势。如 2018 年入选"中国农业农村十大新技术"的"7D功能型菜籽油"加工技术，是基于微波物理场细胞反应器原理，开发出的一种高品质菜籽油绿色高效制备技术与成套装备。该技术集合油料深度精选、微波提质生香、低温低残油压榨、低温绿色精炼、生香与风味控制、标准与质量控制和远程监控与管理等七大关键技术，实现了油菜籽的安全、营养、低耗、高效及高值化加工。

　　即便是中国传统工艺榨制的食用油，如在我国的花生、芝麻等油料产地，一些中小型企业采用低温压榨法或传统的小磨方法压榨的食用油，充分保留了油料的原有风味和营养成分，口感更为香醇，满足人们对花生油和芝麻油等特色风味油脂的需求。进口的花生油和芝麻油由于过度精炼，失去了原有的香气，口感反而没有那么好。

43 怎么鉴别食用油的质量?

　　鉴别食用油的质量需要从营养组成、加工工艺、颜色、气味以及质量指标来综合考虑，主要包括以下 3 个方面。

　　看色泽、透明度：食用油的正常颜色呈微黄色、淡黄色、黄色和棕黄色，油的色泽深浅也因其品种不同而略有差异。透明度是反映食用油纯度的重要感官指标之一，纯净的油应是透明的。一般高品质食用油在日光和灯光下肉眼观察清亮无雾状、无悬浮物、无杂质、无浑浊、无沉淀物，透明度好（低温条件下可能存在雾状物，但不是品质低或者不纯净的标志）。

　　看油状：取一个干燥洁净的细小玻璃管，插入油中堵好上口慢慢抽起，看油状。若呈乳白状，表明油中有水，而且越白说明水分越多。水分较大的油会出现混浊，极易变质，加热会出现大量泡沫和水炸声。

　　闻气味：每种类型的食用油都有其独特的气味，打开油桶盖时就可以闻到，也可以在手掌中滴一两滴油，双手合拢摩擦，发热时闻其气味，有异味的油，说明质量有问题。用干净的筷子蘸取一点品尝，口感带酸味和焦苦味的油，说明已经发生酸败。

44 日常选购食用油的包装容量和材质需要注意什么？

目前市场上销售的桶装油容量、材质各不相同。材质差异性导致同种产品的保质期和货架期寿命也不一样。那么，要确保食用油产品从出厂到餐桌这一段时间内品质不变，选择合适的包装就显得非常重要了。

　　导致食用油变质的因素很多，除包装材质外还包括光照、氧气、温度及水分等外界条件。相关资料表明，一般色拉油铁罐的保质期为 24 个月，塑料容器和玻璃瓶装的保质期大多为 18 个月。

　　目前，市场销售的食用油的包装规格主要以 5 升及以下桶装或瓶装的小包装为主。食用油厂家对油质量控制的标准远远高于国标，并经过长期产品稳定性试验，保证了产品在保质期内的品质。因此，居民选择食用油时，应参考不同包装材料的保质期、家庭人口数量及食用油的用量，选择恰当容量的包装和品类，确保食用油在保质期到来之前食用完毕。

45 食用油凝固了是质量问题吗？

　　在低温条件下，食用油出现白色絮状沉淀或大面积凝固是一种正常的物理现象，并不代表食用油出现了质量问题。不同种类的食用油凝固点各不相同。一般来说，饱和脂肪酸含量越高的食用油，就越容易凝固；相反，不饱和脂肪酸含量越高，越不容易凝固。棕榈油和椰子油凝固点最高，为25℃左右；其次是花生油，为10~15℃；橄榄油凝固点为5℃左右；棉籽油为0℃；大豆油、葵花籽油、菜籽油凝固点较低，在-10℃左右；调和油因配料不同，其凝固点大多为2~13℃。

　　食用油出现凝固，其品质并没有发生变化，只要温度适宜，就能自然融化。比如，我们可以把油品放在温暖的房间或40~60℃的热水中就会慢慢融化。平时，我们将油品放在15℃以上的室内保存，油品就不易凝固。

46 如何巧用凝固点鉴别植物油纯度？

　　不同的食用植物油凝固点不同。我们可以利用这一特性来鉴别油的纯度。

　　以大豆油为例。大豆油凝固点为 –10℃左右。取 5 克油放在密闭小管中，在 0℃冰箱放置 5 ～ 10 小时，如果大豆油发生凝固现象，或虽未凝固，但有絮状物析出，可断定是饱和脂肪酸含量过高所致，说明大豆油中可能人为添加了动物油或含饱和脂肪酸比例较高的棕榈油等，此大豆油可能为非纯大豆油。用同样的方法可以检验其他植物油的纯度。

47 一级食用油是最好的油吗？

除橄榄油和特种油外，食用油依据质量指标分为不同等级（通常有一级、二级、三级和四级）。分级指标主要有色泽、气味、透明度、水分及挥发物等，等级越高表示其精炼程度越高，因此一级油精炼程度最高。无论是一级还是四级食用油，只要符合国家标准，消费者都可以放心食用。

等级高代表精炼程度高，流失的营养成分也更多；等级低表示精炼程度低，保留的有益营养成分较多，但杂质含量也较高。目前，菜籽油仍执行《菜籽油》（GB/T 1536—2004）标准，压榨油和浸出油分为 4 个等级。橄榄油执行《橄榄油、油橄榄果渣油》（GB/T 23347—2009）标准，分为特级初榨橄榄油、中级初榨橄榄油、初榨橄榄油、精炼橄榄油和混合橄榄油。而花生油、大豆油、玉米油等执行的是 2017 年的新国家标准，茶籽油执行的是 2018 年的新国家标准。新国家标准中花生油、大豆油、玉米油和茶籽油的质量等级均由原来的 4 个等级减少为 3 个等级。新旧标准等级比较如下表所示。

表　食用油等级划分标准

种类	加工方式	旧标准		新标准	
		质量等级	标准号	质量等级	标准号
花生油	压榨	一级、二级	GB/T 1534—2003	一级、二级	GB/T 1534—2017
	浸出	一级、二级、三级、四级		一级、二级、三级	
大豆油	压榨	一级、二级、三级、四级	GB/T 1535—2003	一级、二级、三级成品植物油	GB/T 1535—2017
	浸出	一级、二级、三级、四级			
玉米油	压榨	一级、二级、三级、四级	GB/T 19111—2003	一级、二级、三级	GB/T 19111—2017
	浸出	一级、二级、三级			
茶籽油	压榨	一级、二级	GB/T 11765—2003	一级、二级	GB/T 11765—2018
	浸出	一级、二级、三级、四级		一级、二级、三级	

　　新国家标准中关于食用油质量等级、色泽、透明度等诸多指标的修改，一方面坚持"适度加工"原则，引导植物油加工企业适度加工，在保证食用油安全的基础上，为产品保留更多磷脂、维生素 E、甾醇、类胡萝卜素等营养物质；另一方面达到消费者"明明白白消费"的目的。引导市场和消费者选择食用植物油不仅仅看外观是否清澈透明、风味是否浓郁，还要关注食品安全指标。

48 菜籽油有哪些品质特性？

　　菜籽油的脂肪酸组成为饱和脂肪酸 7%，不饱和脂肪酸 92%（其中，油酸 63%、亚油酸 20%、α- 亚麻酸 9%），芥酸 <1%。菜籽油的饱和脂肪酸含量在所有大宗食用油中最低，而且亚油酸和 α- 亚麻酸的比例也最接近合理水平，是目前特别有益健康的大宗食用油。

　　菜籽油中含有一些重要的营养活性物质，如磷脂、多酚、维生素 E、植物甾醇等。菜籽油中含有约 1% 的磷脂，对血管、神经和大脑的发育十分有益。菜籽油的植物甾醇含量较高，每千克油脂中的含量高达 11.3 克，主要是富含生理活性的 β- 谷甾醇、菜油甾醇和菜籽甾醇，是控制胆固醇膳食的最佳食用油之一。菜籽多酚也很重要，它具有抗肿瘤、降血糖、抑菌、抗氧化、清除自由基的多种功能，是一种高效的天然抗氧化剂和营养物质。但是，菜籽多酚大多残留在饼粕里，科学家们正开发新方法，以提高菜籽油里多酚的含量。

　　风味是菜籽油一个重要的特色品质。研究发现，菜籽油中挥发性风味物质的种类达 110 种以上。现代工艺中，采用微波和烘烤预处理的方法，将以传统的硫甙降解产物为主的菜籽油的风味成分转变为以吡嗪类物质为主，使菜籽油味道由硫味、菜青味转变为烘烤香、坚果香，提升了菜籽油的品质。

　　菜籽油品质还包括酸值、过氧化值等理化指标。按照国家标准，一级菜籽油的酸值为 ≤ 0.2 毫克 / 克。菜籽油越新鲜，酸值越低，长时间储存，酸值会增高，说明油脂开始分解。过氧化值标准为 ≤ 5.0 毫摩尔 / 千克，如果超标，说明菜籽油已氧化变质。

49 怎样挑选菜籽油？

菜籽油富含油酸，且具有合理的亚油酸、α- 亚麻酸配比，能够降低血液胆固醇含量，预防动脉粥样硬化，非常有益于心、脑、肾、血管的健康。

在选购菜籽油时，除了看标签上的出厂日期和保质期外，还需注意包装上标示的质量等级、制取工艺、食品认证、产地、原料等内容。

按照《菜籽油》（GB/T 1536—2004），无论是压榨油还是浸出油，均分为四个等级。其中一级、二级菜籽油精炼程度较高，色泽澄清、透明，无气味，低温下不易凝固等，但在精炼过程中损失了部分营养成分；三级、四级菜籽油只经过简单的脱胶、脱酸等工艺过程，色泽较深，烟点较低，在烹调过程中油烟较大，但是却能保留菜籽油固有的风味。

就制取工艺而言，冷榨法的操作温度低于 60℃，虽然出油率较低，但更有利于油脂活性成分的保留。浸出法采用有机溶剂萃取油脂，出油效率高。

当然，无论是一级的还是四级的菜籽油，是浸出油还是压榨油，只要符合国家标准，就不会对人体健康产生危害，消费者可根据自己需求放心选购。

50 大豆油有哪些品质特性？

大豆油是一种价格比较便宜的大宗食用油。大豆油的脂肪酸组成以油酸和亚油酸等不饱和脂肪酸为主，其中亚油酸含量高达 50% ~ 65%，是优质的食用油，也是高级天然化妆品的原材料。含量次高的分别是 20.7% 的油酸和 15.5% 的饱和脂肪酸（主要是 8% ~ 13.5% 的棕榈酸和约 3% 的硬脂酸）。

不饱和脂肪酸可以有效地降低血脂和胆固醇。如亚油酸，在人体内可转化为花生四烯酸，对磷脂合成、前列腺素合成、细胞结构形成，以及维持组织的正常功能都十分重要。

另外还有一些天然组分提升了大豆油品质，如含有的大豆异黄酮，能调节雌激素分泌不足或过剩所带来的女性内分泌失调，改善皮肤水分及弹性状况，缓解更年期综合征和改善骨质疏松等；脂质伴随物 γ- 生育酚和 δ- 生育酚。由于大豆油中这两种生育酚含量较高（分别为 45.6 毫克 /100 克和 16.8 毫克 /100 克），增强了自由基清除能力，故此大豆油的功能性和氧化稳定性都较好；而且大豆油中的豆类磷脂，有益于神经、血管、大脑的发育生长。

　　编者制作了一期科普视频，大豆育种专家的讲述会让你更全面地了解大豆相关知识。用微信扫一扫下方的二维码，关注公众号：中国好油，直接回复：大豆，就可以看到相关内容。

51　怎样挑选大豆油？

　　按照《大豆油》（GB/T 1535—2017），成品大豆油根据其质量指标分为三级。一级大豆油色泽淡黄色至浅黄色，看上去澄清、透明，基本无气味，口感较好，在 0℃下储藏 5～6 个小时依然澄清，透明；三级大豆油色泽为橙黄色或棕红色，室温下可能会有轻微浑油，具有大豆油固有的气味。

好油，没有豆腥味！

　　如果大豆油产生焦臭、酸败或其他异味，说明油已经变质，不能食用。如果油的颜色过深、浑浊、透明度差，说明油品质不高或者可能有掺假情况。

　　在经济条件允许的情况下，建议消费者最好不要购买散装食用油。因为这种油的保质期不明确，且由于氧化作用，油脂容易变质。这对于没有专业知识，又无检测手段的普通消费者来说，变质与否难以判断，长期食用这种油是有安全风险的。

52 花生油有哪些品质特性？

花生是油食兼用作物。我国每年收获的花生大约 52% 用于榨油，占国产植物油总产量的 25% 以上，是仅次于菜籽的国产植物油第二大油料。

花生油是一种广受大众喜爱的具有特殊花生香味的优质食用油。花生种仁含油 50% ~ 60%，油中除含有丰富的脂肪酸外，还含有白藜芦醇、糖类、维生素、胆碱以及微量元素锌等。脂肪酸主要由 8 种成分组成，其中 5 种饱和脂肪酸占 20%，包括棕榈酸、硬脂酸和山嵛酸等；不饱和脂肪酸占 78%，包括油酸、亚油酸和花生烯酸。高油酸花生油有益健康，货架寿命更长，更方便储存。

《花生油》（GB/T 1534—2017）根据制油工艺将花生油分为压榨成品花生油和浸出成品花生油，并对其品质做了规定。两种不同工艺生产的花生油其部分特征指标（如酸价、过氧化值等）差异很大。一级压榨花生油和一级浸出花生油的酸价值应分别不高于 1.5 毫克 / 克和 0.5 毫克 / 克，过氧化值应分别不高于 6.0 毫摩尔 / 千克和 5.0 毫摩尔 / 千克。我们常见的花生油，大多是经过高温炒籽和高温蒸炒压榨后生产的浓香型花生油，其香味浓郁，色泽深、脂溶性杂质含量高，而经过多级精炼后

　　的花生油则更为澄清、透明，烟点高。

　　花生油还有一项特殊品质要求，就是黄曲霉毒素含量要低。《食品安全国家标准　食品中真菌毒素限量》（GB 2761—2017）要求每千克花生油中不得含有 20 微克以上的黄曲霉毒素，符合标准的花生油才可以销售。科学家发现紫外照射可以去除花生油中的黄曲霉毒素，且对花生油品质没有影响，这一技术已广泛用于生产。

　　　　花生育种专家趣味讲述神奇的落花生。微信扫描二维码，关注公众号：中国好油，直接回复：落花生，就可以看到相关内容。

53 怎样挑选花生油？

按照《花生油》（GB/T 1534—2017），压榨成品花生油根据其质量指标分为二级，浸出成品花生油分为三级。

一级压榨成品花生油为淡黄色至橙黄色，澄清、透明，具有花生油固有的香味和滋味，无异味，加热到 280℃时油色不会发生变化，无析出物；二级压榨成品花生油呈现橙黄色至棕红色，微浊，加热到 280℃时油色变深，且有微量析出物。

一级浸出成品花生油为淡黄色至黄色，澄清、透明，无异味，口感好，在 0℃条件下储藏五六个小时依然透明；二级浸出成品花生油呈现黄色至橙黄色，澄清，无异味；三级浸出成品花生油则为橙黄色至棕红色，具有花生油固有的气味和滋味，无异味。

不同工艺制取的花生油存在一定差异。浸出精炼花生油的酸值、过氧化值、色泽优于压榨花生油，但是香味淡。长时间储藏后，浸出精炼花生油相比压榨油而言，维生素 E 含量降低更为显著，而且容易发生回色及风味劣变。冷榨花生油中亚油酸含量高于浸出油。

另外，选购花生油还有一些小窍门。例如，除了看颜色和透明度外，拿到瓶装的花生油，先看是否有沉淀物或者悬浮物，

然后用力地摇一摇，观察其泡沫是否黏稠、洁白，若黏度大、泡沫大、色泽洁白，且气泡会慢慢消失，则为优质油。纯正的花生油一般在气温3℃以下时凝结，流动性变差，如果掺有猪油或棕桐油等饱和脂肪酸含量高的油脂，气温10℃时就开始凝结而且不流动。

54　芝麻油有哪些品质特性？

　　芝麻油是使用最普遍的香油，有的地方也简称麻油。芝麻油除含有约 15% 的饱和脂肪酸，39% 的油酸和 45% 的亚油酸，以及甾醇、三萜烯、生育酚等生物活性物质外，还含有芝麻素、芝麻林素、芝麻酚等木酚素类特征性物质。芝麻素具有多种生理功能作用，可抑制小肠吸收胆固醇以及阻碍肝脏合成胆固醇，具有降低血清中胆固醇的作用；能够促进乙醇的代谢以及加强解毒活性；还具有机体内抗氧化活性、提高免疫力、抗高血压等作用。因此，芝麻油普遍受到人们喜爱。

　　芝麻种籽焙煎产生的独特风味，为芝麻油的主要特征。热榨芝麻油，随焙炒温度的提高和焙炒时间的延长，芝麻油色泽加深，过氧化值升高，酸值有所降低。焙炒后产生的抗氧化物质，使芝麻油的热氧化性更强，香味也大大增强。

　　低温压榨芝麻油是在低于 85℃ 的温度下借助外力挤榨出来的，更多地保留了活性营养成分。

55 怎么挑选芝麻油？

芝麻油我们通常又称香油。依据不同的生产工艺主要分为四种：水代法制取的称为芝麻小磨香油，榨油机压榨制取的称为芝麻香油，浸出精炼生产的称为芝麻油，低温压榨制取的称为清香芝麻油。

芝麻小磨香油是芝麻籽经过焙炒和石磨磨浆，采用水代法制取而成，不仅香味持久，且抗氧化性强；芝麻香油是芝麻籽经过焙炒后采用压榨或压滤工艺制取而成，香味浓郁，抗氧化

芝麻香油

哎哟！
可真香

性强，但是高温焙炒过程容易产生苯并 [a] 芘等有害物质；浸出芝麻油是将采用浸出工艺得到的芝麻毛油经过精炼之后制成的成品芝麻油，其色泽较浅，且香味清淡；低温压榨的芝麻油是在低于 85℃的温度下借助外力挤榨出来的压榨油，更多地保留了芝麻中的活性成分，但是油脂的氧化稳定性略差、货架期短。

　　由于不同的用户对芝麻油香味的浓郁程度等可能有不同的偏好，挑选芝麻油应根据不同工艺生产的芝麻油特点，同时结合用户自身的需求和喜好来进行选择。芝麻油的质量控制，可参照《芝麻油》（GB/T 8233—2018）质量指标，芝麻香油分为一级和二级两个级别。其色泽应为橙黄色、橙红色至棕红色，具有浓郁的芝麻油特有的香味和滋味，口感好无异味。一级香油清澈透明，二级香油允许轻微的混浊。

56 食用油是香味越浓越好吗？

　　不同油料作物制备的植物油风味各不相同，花生油有烤花生的香味，橄榄油有果香味，芝麻油有炒芝麻的香味等。这是因为不同的植物油含有的特征性风味物质不同。风味物质对于食品加工和美食烹饪都具有非常重要的意义，这些风味物质包含醛类、醇类、杂环类及含硫类等。目前发现有些风味物质具有营养健康功效。但是为了追求香味，通过调整加工工艺来一味提高风味物质含量，可能会产生有害物质。另外，从烹饪角度来看，如果食用油本身香味过于浓郁，就会喧宾夺主，掩盖或夺去菜肴的自然风味。而清淡一点的油，则有助于保持菜肴的自然味道，并且不会破坏菜的营养成分，可谓一举两得。

　　无论从烹饪本身还是从营养价值来看，过分追求油的香味都是不可取的。

57　怎样挑选橄榄油？

与菜籽油、花生油、大豆油等不同，橄榄油采用国际橄榄油协会的分级标准《橄榄油、油橄榄果渣油》（GB/T 23347—2009），分为初榨橄榄油、精炼橄榄油和混合橄榄油。

初榨橄榄油是直接从新鲜的油橄榄果实中经过机械冷榨、过滤等处理，除去异物后得到的油脂。初榨橄榄油又可分为特级初榨橄榄油、中级初榨橄榄油、初榨橄榄灯油 3 个级别。其中特级初榨橄榄油是最高级别、质量最高的橄榄油，它的酸度不超过 0.8%，即每 100 克油中游离脂肪酸含量（以油酸计）不超过 0.8 克，酸值（以氢氧化钾计）小于等于 1.6 毫克 / 克；中级初榨橄榄油其酸度不超过 2%，酸值小于等于 4.0 毫克 / 克，味道纯正芳香；初榨橄榄灯油酸度大于 2%，酸值大于 4.0 毫克 / 克，该油不能食用，主要用作精炼或其他用途。

精炼橄榄油是由初榨橄榄灯油精炼后得到的，或可称为"二次油"，游离脂肪酸含量每 100 克油中不超过 0.3 克，酸值小于等于 0.6 毫克 / 克。

混合橄榄油是指精炼橄榄油和初榨橄榄油（初榨橄榄灯油除外）的混合油品。因此，在选购橄榄油时要特别注意，有些标注"精制橄榄油""纯正橄榄油"等字样的很有可能不是初榨

橄榄油，更与"特级初榨"相距甚远。

　　除了看级别，还可以看产地。目前橄榄油产量最大的国家为西班牙、意大利和希腊，这 3 个国家的橄榄油品质受到广泛认可；从风味来看，橄榄油有果香气味、口味青苦、口感辛辣；最后，容器要选深色包装为好。

58　怎么辨识转基因食用油?

　　转基因食用油是指用转基因油料加工生产的食用油。目前，消费者对转基因食用油的接受程度不一，但是保障消费者在选购时的知情权已经成为社会共识。辨别是否是转基因食用油的检测方法有很多，大多在实验室进行，普通消费者在超市选购时可以通过包装上的标识进行甄别。

　　关于转基因食品的标识，目前除了阿根廷、加拿大等少数国家和地区实行自愿标识政策外，其他绝大多数国家和地区都强制性要求进行标识。我国国家市场监督管理总局、农业农村部和国家卫生健康委员会联合发布的《关于加强食用植物油标识管理的公告》中要求，如果以转基因油料为原料生产的食用油，必须在包装上进行显著标识。

　　目前，我国实施转基因标识管理的食用油以大豆油、玉米油和菜籽油居多。因此，消费者在挑选食用油时，需要注意这几种油及其调和油是否是转基因原料生产的。

专家科学讲解转基因知识，现场演示如何快速鉴别转基因产品。微信扫描二维码，关注公众号：中国好油，直接回复"转基因"，就可以看到相关内容。

59 如何选择适合婴幼儿、孕产妇等特殊人群的食用油？

婴幼儿、孕产妇是一个特殊的群体。婴幼儿在生长发育过程中，因为各器官发育尚不完全，需要摄入营养健康的食物以获取自身发育所需的营养元素。在婴幼儿发育早期，母乳中的脂肪是其获取能量及人体无法合成的必需脂肪酸的重要来源。但对于无法进行母乳喂养或断奶后的婴幼儿，必须选择合适的配方奶粉以弥补失去母乳带来的营养缺失。与此同时，选择适宜的食用油，有针对性地强化补充所需脂肪酸，对于婴幼儿的健康成长十分重要。

亚油酸和 α- 亚麻酸对于婴幼儿的生长发育、脑功能和视力发育非常重要。在人体代谢过程中，如果亚油酸摄入不足，会导致皮肤呈鳞片状、水分消耗增加、生长迟缓、繁殖功能有缺陷等。如果 α- 亚麻酸摄入不足，会导致视力缺陷、视网膜电图异常、视敏度下降以及学习能力下降等。亚油酸与 α- 亚麻酸代谢相互关联，摄取比例要合适。建议婴幼儿及孕产妇参考《食品安全国家标准　婴儿配方食品》（GB 10765—2010）选择食用油。该标准规定：亚油酸与 α- 亚麻酸比值为（5 ~ 15）：1，反式脂肪酸最高含量小于总脂肪酸的 3.0%。

因此，在给婴幼儿、孕产妇选择安全营养的健康食用油时，应该选择符合相应食品标准，并能满足其身体发育需求的食用油。比如配方食用油、双低菜籽油、亚麻籽油或核桃油等。

60 胆固醇、血脂高的人群如何选择食用油?

心血管疾病是人类健康的头号杀手。通过膳食预防心血管疾病是一种新兴的健康消费理念。作为饮食中必不可少的一部分,选对食用油对心血管疾病的预防具有积极的作用。

不同种类的食用油其脂肪酸组分也各不相同。不饱和脂肪酸中的油酸可降低血总胆固醇(TC)、甘油三酯(TG)和低密度脂蛋白(LDL)(俗称坏胆固醇),升高高密度脂蛋白(HDL)(俗称好胆固醇);亚油酸、α- 亚麻酸在体内具有降血脂、改善血液循环、抑制血小板凝集、阻抑动脉粥样硬化斑块和血栓形成的作用,对心血管疾病有良好的防治效果。

因此,胆固醇、血脂高的人群建议选择富含 ω - 6(以亚油酸为代表)和 ω - 3(以 α- 亚麻酸为代表)系不饱和脂肪酸的植物油,如双低菜籽油、核桃油等。

第五篇

食用油怎么吃？

61 每人每天摄入多少食用油合适？

近 30 年来，随着人们生活水平的不断提高，我国人均食用油摄入量也不断增加。2019 年我国人均食用油年消费量约 25 千克，平均每人每天约为 68 克，超过世界人均日消费水平。那么，我们每天应该吃多少油合适呢？

世界卫生组织和《中国居民膳食指南（2016）》中提倡每人每天烹调油应控制在 25 ～ 30 克（相当于三口之家 2 个月食用 5 升），脂肪提供的能量比例在 20% ～ 30% 为宜，最好不要超过 30%（这个比例是针对成年人的，婴幼儿需要的脂肪供能比相对较高，35% ～ 48%）。

一方面，食用油摄入过多容易导致肥胖和增加患心脑血管疾病的风险。另一方面，食用油长期缺乏会导致营养不良、体力不佳、抵抗力下降，甚至引起肝脏、肾脏和视觉等神经系统疾病。

日常生活中要根据身体状况、体力消耗程度以及季节变化等情况合理摄入食用油。例如运动员、体力劳动者、在低温条件下工作的人群以及孕妇等需消耗的能量多，可以稍微多摄入一点。两岁以内的婴幼儿身体处在快速发育期，每日摄取的油脂应占总能量的 45% ～ 50%，可以适当多摄取一些植物性食

用油。皮肤干燥、无光泽和头发干枯者多摄入一点食用油可以起到美容润肤的作用。但是，心脑血管病人，每日食用油摄入量最好控制在 20 克以下。患有肝胆疾病的人，由于胆汁分泌减少，不能有效消化脂肪，也要减少食用油的摄入量。

够了够了，25~30 克，差不多是我一天的量啦。

62 食用油摄入量过多对健康有什么影响？

　　食用油摄入量过多会导致肥胖及相关的多种慢性疾病的发生，并呈现低龄化的发展趋势。我国家庭人均每日烹调用油已高达 43.2 克，一半以上居民烹调用油摄入量高于 30 克 / 天的推荐值上限。此外，深加工食品中的隐性油脂，尤其是高饱和高胆固醇动物脂肪、氢化油脂等对机体健康的危害亦不容忽视。食用油的主要成分是甘油三酯，每克食用油被人体消化吸收后，能提供 37.6 千焦的能量，相当于同等质量蛋白质和葡萄糖的 2 倍。如果食用油摄入量过多，远远超过人体生理活动所需能量，多余的能量就会转化为脂肪贮存在皮下或脏器周围，造成肥胖。与之伴随的脂代谢紊乱、肠道菌群失衡、慢性炎症等会进一步导致一系列代谢性疾病和神经退行性疾病的发生。

　　1948 年，肥胖被国际疾病分类体系定义为一种疾病。在医学上，肥胖也经常被喻为百病之王，癌症之首、万病之源。在我国肥胖的爆炸式增长是驱动 Ⅱ 型糖尿病、动脉粥样硬化、高血压、脑中风、多种癌症等疾病的关键诱因。据《中国居民营养与慢性病状况报告（2020 年）》显示，我国居民超重和肥胖率持续上升，6 ～ 17 岁、6 岁以下儿童青少年超重和肥胖率分别达到 19% 和 10.4%，低龄化趋势明显。我国慢性病导致的死

亡率占 88.5%，其中 18 岁及以上居民高血压、糖尿病、高胆固醇血症患病率分别为 27.5%、11.9% 和 8.2%。因此，在我国，中风、心肌梗死等心脑血管疾病已经成为头号杀手，是致死率最高的疾病。我国是糖尿病第一大国，2019 年患病人数高达1.164 亿人，预计到 2045 年将达到 1.472 亿人。我国居民肝癌、结直肠癌等发病率为 293.9 人 /10 万人，仍呈上升趋势。由此造成的医疗保健支出也是相当巨大的。

食用油种类和摄入量能够不同程度地影响肥胖相关慢性疾病和多种癌症的发生发展。每个人应该控制食用油摄入量，做到少吃油。比如，尽量使用带有刻度的油壶有效控制炒菜等日常烹调用油量，同时尽量减少来自油炸食品、糕点、方便面等

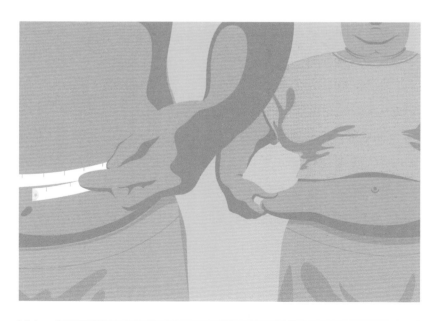

深加工食品中隐性油脂的摄入。此外，提高食用油的摄入质量也尤为关键。比如，尽量减少动物性油脂而提高富含多不饱和脂肪酸的植物油摄入量，做到科学合理搭配也能够最大限度规避食用油摄入过多给机体带来的危害。总之要做到少吃油，吃好油。

63 植物油和动物油如何搭配更合理？

　　植物油在常温下大多处于液态，如菜籽油、大豆油等，而动物油则处于凝固状态，如猪油、牛油等。动物油和植物油的主要区别在于其不饱和脂肪酸的含量不同。一般认为，动物油饱和脂肪酸含量高，植物油不饱和脂肪酸含量高，但这并非是绝对的，如鱼油是动物油，特别是在深海鱼油中，含有大量的不饱和脂肪酸。而植物油中的椰子油和棕榈油中也含有较多的饱和脂肪酸。因此，不论是动物油还是植物油，均应合理适量摄入。此外，植物油富含不饱和脂肪酸和维生素 E、维生素 K 等人体发育必需营养素，对人体健康十分重要，但不饱和脂肪酸易发生氧化，若大量摄入氧化油脂会使人体过氧化物水平升高，促进衰老，增加患病风险。动物油中的饱和脂肪酸不仅可以提供能量，还可以在体内储存，使皮肤光滑，预防中风和高血压。但是动物油中富含胆固醇，过量食用易诱发心脑血管疾病。因此合理搭配食用这两种油脂可以提高人体健康水平。

　　日常生活中，我们可以在一日三餐中交替或搭配食用植物油和动物油，有利于防止动脉硬化和心血管疾病。此外，可适当多食用饱和脂肪酸含量低的动物油脂，如鸡鸭、鱼类（特别是深海鱼类）的油脂，以控制饱和脂肪酸的过量摄入；婴幼儿、中老年人和胃溃疡患者宜多食用植物油、藻类油；高脂血症患者可多食用富含多不饱和脂肪酸的亚麻籽油、葵花籽油、红花籽油和富含 ω-3 脂肪酸的鱼油。

64 自己家榨的油更安全吗？

随着人们生活水平的不断提高，对"舌尖上的安全"越来越关心，食用油的安全也同样引起广大消费者的高度关注。近些年，有商家推出小型的家用榨油机，并用"安全无添加、纯物理压榨、新鲜有营养"等作为广告语吸人眼球。不可否认，从营养角度看，与精炼油相比，自榨油会保留较多的维生素 E 和植物甾醇等有益成分。但是，自榨油只是毛油，没有经过脱酸、脱胶、脱臭、脱色等工艺，无法去除毛油中可能含有的黄曲霉毒素、重金属或者农药残留等有害物质，长期食用存在较大的安全风险。

特别是自榨花生油，如果没有经过专业的过滤提取程序及相关监测检验，就无法排除花生在生长、贮运过程中受到的黄曲霉毒素污染，会存在较大的安全风险。没有经过精炼的油烟点较低，含杂质较多，稳定性差，不易保存。因此，从食用油安全角度来讲，不建议家庭自榨油。而且，家庭自榨油出油率低，制作成本远高于市场销售的食用油，饼粕等也无法进行综合利用，会造成较大的资源浪费。

65 针对不同烹调方式如何选用食用油？

　　中国烹饪历史悠久，源远流长。烹调方式，如炒、蒸、炖、溜、汆、炸、拌等丰富多样，根据烹饪方式选对食用油才能充分体现食材的口感、风味和营养。

　　凉拌菜肴经焯水后一般处于常温，不会引起油脂氧化，因此，适合选用具有特殊风味、富含不饱和脂肪酸的食用油凉拌，例如芝麻油、亚麻籽油、橄榄油和小麦胚芽油等。

　　炖煮以及小火炒菜时，温度为120℃左右，可以选用耐热性中等的菜籽油或花生油等。菜籽油的热稳定性较好，也适用于

其他烹饪方式，如煎、炸、炒、烧烤等。花生油富含单不饱和脂肪酸和维生素E，热稳定性好，适合用于日常炒菜。

　　大火爆炒时油温可达200℃以上，煎炸时油温可达190℃以上，应选用热稳定性比较好的精炼大豆油、玉米油、菜籽油等。玉米油极易消化，人体吸收率高达97%。从口味和烹调角度来说，玉米油色泽金黄透明，清香扑鼻，可用于煎、煮、炸等烹饪方式。

66 烹调产生的油烟对健康有什么危害？

烹调油烟是指食物烹饪过程中挥发的油脂、有机质及热氧化和热裂解产生的混合物。大部分食用油加热到170℃时开始气化分解逐渐形成油滴产生油烟，食材加入热油后急剧气化也会与油形成大量油烟雾，主要有烯烃、醛类化合物、酮类、酯类、芳香族化合物、杂环化合物、水等组成。

油烟对人体的呼吸道有刺激性和阻塞性，长期在高浓度油烟环境中工作可诱发鼻炎、咽喉炎等多种呼吸系统疾病，增加肺癌发生风险。针对长期暴露油烟的人群发现，油烟对于人体细胞免疫功能存在抑制效应。油烟中存在的亲脂性化合物可以引起机体自由基水平的升高影响心脑血管健康，同时对于神经系统也会产生影响，存在睡眠障碍等情况出现。此外，油烟中的脂溶性成分还可通过胎盘传递，对于子代可能产生不利影响。上述健康危害主要来源于油脂氧化分解产生的多环芳烃等成分。

烹调油烟的环境污染以及对人体健康的危害已引起社会高度重视。厨房环境应尽量通风并安装油烟机等除油烟设备减少油烟的接触，同时，炒菜时可用热锅凉油，高温爆炒应选用经过精炼和高油酸的食用油（如菜籽油）以减少油烟的产生。对

于孕妇应尽量避免油烟的接触。对于经常接触油烟的人群建议多食用一些富含抗氧化剂，如 β- 胡萝卜素、维生素的健康食品，如维生素 D_3 对于油烟不利影响具有保护效应。

67 油烧几成热炒菜才健康?

　　油温过高，油脂会被氧化，聚合产生一系列过氧化物和聚合物，不仅对食物中的维生素等微量成分具有破坏作用，还会干扰和阻碍机体对蛋白质的消化吸收。同时高温烧油还会产生大量油烟，造成呼吸不畅等问题。一般情况下，我们日常使用的食用油烟点大多在 180～220℃，热锅凉油是比较健康的炒菜方式。即炒锅烧热后倒入食用油，待油温达到七成热时，油温在 180～195℃，放入食材翻炒，这样既可保持食材口味，也能保证营养没有被破坏。烹调时油温越高，不饱和脂肪酸氧化越快，营养成分就流失得越多。健康吃油，掌控油温十分重要。

68 深海鱼油会对哪些药品的药效产生影响?

深海鱼油因具有降低血脂,调节血糖,保护心脑血管健康的功效而受到消费者的欢迎。其中的不饱和脂肪酸成分有时候也作为药用。在服用深海鱼油时要注意以下药品的使用安全。

(1)高血压药(降压药)。由于深海鱼油本身具有很强的降血压作用,如果同时服用降压药,可能会增加这些药物的效果,造成低血压的可能。这些药物包括卡托着利、氯沙坦、氨氯地平、呋塞米等。

(2)减肥药。奥利司他是 OTC 减肥药。但是奥利司他会影响深海鱼油中的脂肪酸成分被人体吸收,因此不可与深海鱼油产品同服。

(3)抗凝、抗血小板药物。包括达肝素钠、肝素、达莫、华法林等,深海鱼油产品可降低这些药物的效果。

(4)中草药和补品。高剂量的深海鱼油产品可以使血液凝固缓慢,服用深海鱼油的同时再服用其他中草药可能会使某些重要凝血功能下降从而造成出血事故。这些中草药包括当归、丁香、丹参、生姜、大蒜、银杏、红三叶、姜黄、杨柳等。

69 动物油还要不要吃？

　　动物油主要分为陆生动物油和鱼类海兽动物油两大类。陆生动物的油脂主要集中在内脏和脂肪组织里，如猪油、牛油、羊油等，也有以乳化状态存在于哺乳动物的乳房内，如奶油。还有少量存在于骨髓中，如骨油。陆生动物油脂主要由油酸、棕榈酸和硬脂酸组成。其中饱和脂肪酸含量一般高于植物油脂。鱼类的油脂大部分存在于肝脏及肉内，如鱼肝油等。海兽的油

适量吃些动物油还是有营养并有利于健康的

动物油

脂大部分存在于皮下，如海豹油。

　　动物性食物及油脂摄入过多，会导致人体饱和脂肪酸摄入过量，是引起肥胖、高血脂、动脉粥样硬化等多种慢性疾病的风险要素之一。但动物油也有对人体有益的一面。动物油不仅在丰富菜肴口感方面有其独特的作用，而且动物油中也含有一些对心血管有益的多烯酸等物质，而且并不是所有动物油脂都含有大量饱和脂肪酸，如深海鱼油就富含 ω-3 系列多不饱和脂肪酸。适量吃动物油并没有我们想象的那么可怕。因此，在日常饮食中，合理地选用动物油脂以及均衡摄入动物油和植物油都非常重要。

70 黄油如何食用更科学？

　　黄油是用牛奶加工出来的一种固态油脂，是新鲜牛奶加以搅拌之后，浮在上层的浓稠状物滤去部分水分之后的产物。

　　黄油营养价值较高，富含维生素 A、维生素 D、维生素 K 和胡萝卜素等，还含有矿物质（如铜）、脂肪酸、磷脂、胆固醇、蛋白质和脂肪，可以为人体提供充足的能量和增加饱腹感。

　　黄油通常适宜用作烹调食物的辅料，在加热后香气浓郁，具有很好的增香提味作用。可以用于制作面包、蛋糕等甜点，也可以用于煎制牛排、羊排、鱼等。

　　黄油老少皆宜，但不可过量食用，每次 10～15 克为宜。孕妇、肥胖者、糖尿病患者等不宜食用。男性摄入过多黄油可能导致前列腺肥大，不宜多食。

71 食用油要换着吃吗?

食用油是我们获取营养的重要来源之一。由于地域、习惯等原因，许多人吃惯了一种口味的油，往往就会长期食用。长期食用单一品种的食用油会造成脂肪酸营养不平衡，所以，合理的膳食脂肪构成在控制食用油摄入量的基础上，还应该保证一定的摄入比例。

不同品种的食用油脂肪酸构成、微量元素含量都不同。据研究显示，菜籽油是一种目前可以长期单一食用的植物油。当然也可以定期换油吃，摄入食用油要尽量多元化，保持营养的均衡，同时结合不同的烹饪手法选择合适的食用油才更有利于身体健康。

我们可以通过搭配食用多种食用油来平衡油脂摄入。通过购买多种小瓶装的不同食用油，结合不同油的烹饪特点合理选用，达到营养均衡、科学用油的目的。

如果家庭已经习惯于食用单一食用油的话，建议尽量选择脂肪酸组成科学合理，营养活性成分高，有害风险因子含量低，烹饪稳定性好，色泽纯正，并具有保护心血管、提高免疫力、延缓衰老、降低炎症等功效的优质大宗食用油，如双低菜籽油等。

72 烹饪过程中食用油为什么会产生泡沫？对人体健康有害吗？

　　在烹制油炸食品时，油热后会出现油沫上浮，主要是因为大部分油料中含有较多的磷脂，磷脂具有乳化性，在烹饪加热时会产生大量泡沫。在油炸过程中，由于磷脂具有亲水性，能使油脂水分增加，在高温下促使油脂酸败，此时产生的泡沫对人体是有害的。

　　食用油中含水量高时也会导致起泡。去除油中水分的办法是将食用油倒入锅中，慢火将油烧至三四成热，水分蒸发，油面泡沫消失，冷却后装瓶待用。此时切忌食用油温度烧至过高，否则会损失食用油的香味，也易产生有害物质影响人体健康。

第六篇

食用油怎么保存？

73 食用油在储藏期间会有哪些变化？

　　动植物食用油在存放过程中易受温度、空气、水分、光照、微生物等影响，发生氧化反应，生成的过氧化物也会进一步降解为挥发性醛、酮和羧酸的复杂混合物，产生难闻的气味，也就是我们常说的哈喇味，这就是食用油的酸败。此外，长期储存的食用油因保存时间过长或保存不当还会发生颜色的改变或者产生沉淀，使得食用油变质。一般来说，动物性油脂含有大

量饱和脂肪酸，其化学性质比植物油稳定，而植物油由于不饱和脂肪酸含量较高，更容易发生氧化。

水分和光照都会加速油脂氧化酸败速度。水分是参与脂肪水解的重要介质，会助长酶的活性和微生物的繁殖，如果食用油中混入了水就会加速油脂的分解而导致酸败。食用油中的不饱和脂肪酸在光氧化作用下生成氢过氧化物，进而发生氧化，而温度会加速这种氧化反应的速度。温度越高，光照时间越长，油脂被氧化的概率就越大。

74　未开封的食用油应当如何保存？

目前，市场售卖的食用油保质期大都为 18 个月。没有开封的食用油比较容易保存，但也要注意以下事项。

（1）避免光线照射。食用油大都采用塑料或透明玻璃瓶包装，油脂颜色一目了然。但这种透明包装容易使油脂被阳光直接照射，加快油脂酸败速度，缩短保存期。油脂中的天然抗氧化剂维生素 E 在紫外线下也会遭到破坏，从而降低油脂的营养价值。因此，食用油最好用黑色包装包裹好放置背光处保存。也可以按油瓶的大小，用厚纸板（不透光）做一个油壶罩，来解决避光的问题。

（2）避免接触空气。油脂接触空气后会加速氧化。因此，要注意检查油瓶的密封是否完好，避免油瓶漏气导致食用油变质。

（3）避免接触水分。水解作用是油品氧化的原因之一，高含水量会加速氧化酵素的活性，加快水解速度。同时，水分也有利于微生物繁殖，使油脂迅速酸败变质。因此，未开封的食用油最好放在干燥的环境下保存，不宜存放在水槽下等过于潮湿的地方。

（4）适当的储藏温度。高温环境下会增强脂肪酶活性，加

快食用油酸败变质速度。因此，食用油最好室温保存，避免高温、冷冻，以免破坏油脂本来的组织结构。

　　超市售卖的食用油大都采用塑料瓶包装，塑料瓶中的塑化剂在长期储存中会微量释放到食用油中，加速油脂酸败。因此，即使是没有开封的食用油也不宜长期存放，最好购买小瓶装食用油，用完再购买。

75 开封后的食用油怎么存放？

　　食用油的保存期不等于保质期，食用油开封之后，会受到很多因素的影响，氧化和酸败的速度发生变化，保存的时间会大幅缩短。有实验数据表明，开封一年后，食用油的氧化程度和酸败程度与抽油烟机盒子中的废油相差无几。因此，食用油在开封之后，要及时吃完，最好不要超过 3 个月。开封后的食用油保存要注意以下事项。

　　（1）选用密闭的容器盛装，不要用敞口容器储存。在敞口的条件下，食用油的氧化速度明显加快，只要一周左右的时间，食用油的氧化程度就会超过国家标准。因此，最好选用有盖子的玻璃油瓶，并定期清洗或更换油瓶。放在敞口容器里的食用油要在一周内吃完。同时在食用食用油的过程中，一定要记得随手拧上瓶盖，尽量保持油瓶密封状态，以减少氧化反应，延长食用油的保存期。

　　（2）油瓶应放在避光、阴凉的地方。不宜放在灶台上边。在高温的环境下，食用油出现酸败和氧化的速度会加快。因此，开封的食用油最好存放在通风干燥阴凉处，减缓酸败和氧化速度。选用小规格包装食用油，可减少开封后存放时间，保证食用油的质量。

（3）避免新、旧油混合存放和食用。通常大家习惯把未开封的食用油称作新油，开封后的食用油称为旧油。使用小油壶分装食用油，一定要在油壶中的油食用完，充分清洗晾干油壶后再装入新油。如果在旧油中添入新油，旧油中的氧化以及酸败物质会导致新油品质变差，长期食用这种油，对身体健康有害。

（4）使用深色玻璃瓶装食用油。购买的塑料桶装食用油开封后最好选用玻璃瓶分装存放。深色玻璃瓶有较好的密封性和避光性，能缓解食用油在存放期间出现的酸败以及氧化现象，延长食用油保存期。

（5）在油瓶中放一粒维生素 E，可以延缓食用油的氧化过程，延长保存期。

76 如何判断食用油是否变质？

判断食用油是否变质主要根据过氧化值和酸价两个指标。当食用油这两个指标中有一个超标时说明油已经变质，不可再食用。不同种类的食用油，国家标准规定的过氧化值和酸价不同。

一般情况下，食用油的变质早期是无法通过肉眼判断的，需要经过专业的检测分析来确定。只有当食用油长期存放，发生严重质变后才会出现沉淀、变色、变味等现象。因此，食用油一定要注意保质期，开封后超过 3 个月的食用油建议不再食用。

判断食用油是否变质的方法是取一两滴食用油放在手心，双手摩擦发热后，闻一闻油的味道，如无异味（"哈喇"味或刺激性气味）就可以食用，如果有异味最好不要食用。用过期和有哈喇味的油炸制的食物也不可食用。凡进食后出现恶心、呕吐、皮肤青紫，首先应考虑是否是因变质食用油中毒引起的，应及时就医，对症治疗。

77 如何选择合适的油壶?

　　油壶容量太小，需要经常补充食用油；容量太大，使用不方便，时间长了油容易氧化。因此，选择油壶需要根据每个家庭的具体情况而定。小容量油壶为 300 毫升左右，体积小巧，易于存放，取用方便，比较适合人口少，或者不常做饭的家庭使用。500 毫升、550 毫升和 650 毫升等中等容量油壶，比较

适合 3 ～ 4 口之家使用。大容量油壶通常为 700 ～ 800 毫升，大多为金属材质，外观精美，常见于铁板烧店或饭店使用。

为了方便控制用油量，可选择标注有刻度的油壶。壶嘴的设计，对倒油时的油量有很大的影响。最好选择密封性好，倒油方便，又便于控制出油量，不挂油，或能自动倒流的壶嘴。壶嘴越薄，越容易控制倒油量，倒油更方便。壶嘴越长，越方便倒油，不挂油。厚而粗短的壶嘴，倒油时，容易挂油，油会顺着壶嘴流下来，形成污染。所以应尽量选择油嘴薄而细长的油壶。倾斜式设计的油嘴也可以保证倒油顺畅不挂油。新式的吸入式油壶，通过活塞把油吸入倒油仓，按压一次正好是一格油的用量，使用方便，可以更精准地控制食用油的用量。

78 油壶多久清洁一次比较合适？怎样清洗？

油壶最好每1～2个月彻底清洁一次，晾干水分后再使用。长期不清洁的油壶，四周沾满油污，甚至有异味。特别是炸制食品后再次倒入油壶继续使用的"回锅油"，含有食物残渣，更容易发生氧化、酸败，更易滋生霉菌产生毒素，产生致癌物。因此，油炸食品后的"回锅油"不要倒回油壶，应装在洁净的容器内尽快用完。被污染的油壶容易生成有害化学物质和毒素，影响人体健康。

油壶里的油如果放置时间过长，或产生黄色或白色霉变物质时不可食用，会导致中毒。油壶中的油产生沉淀时，应彻底清洗油壶并更换新油。油壶里的油最好控制在一周内吃完。如有两个油壶交替使用的话，可以更好地避免污染问题。

玻璃油壶容易清洗，家庭最好选用玻璃油壶。油壶的清洗主要有以下3种方法。

（1）热水中加入食品专用洗涤剂，倒入油壶浸泡几分钟后，用刷子刷干净内外壁和盖子，然后用流动水冲洗干净，晾干后使用。

（2）把淘米水倒入油壶，盖上盖子持续晃动3～5分钟。油垢脱落后，倒掉淘米水，加入白醋，浸泡5～10分钟，然

144

后用刷子清洗油壶，最后用清水洗净晾干再用。

（3）对顽固的油垢，可以在热水中加入一勺食用小苏打浸泡油壶 10 分钟，促进油垢分解，然后再用刷子刷干净。

79 为什么油壶不要放在灶台边？

食用油的最佳保存温度是 10 ～ 25℃，高温会导致食用油氧化变质，营养成分丢失，缩短食用油的保质期。

厨房灶台的温度比较高，炒菜时其附近温度可达 40℃以上，夏季可能会超过 60℃。当温度高于 60℃时食用油不饱和脂肪酸的氧化速率显著加快，油壶放在灶台，高温会加速食用油的酸败进程，油脂分解出来的亚油酸与空气中的氧发生作用生成醛、酮等有害物质。高温还会导致食用油中的脂溶性维生素 A、维生素 D、维生素 E 等氧化，造成油品质下降，更容易变质变味。

油壶放在灶台边，做饭的时候烟熏火燎，油壶表面沾上大量油污。油污和残油发生油脂氧化和酸败的程度远高于新油。长期食用这样的油会出现恶心、呕吐和腹泻等症状，严重的还可能中毒。另外，食用油放在灶台边也不安全，有引起火灾风险的隐患。因此，食用油应远离灶台，放在厨房固定的调料架上。

第七篇

食用油存在哪些
安全风险?

80 我国现行的食用油质量标准有哪些?

　　目前我国执行的最新食用植物油质量标准为《食品安全国家标准　植物油》(GB 2716—2018),该标准于 2018 年 12 月 21 日正式实施。新标准对食用植物油的色泽、滋味、气味、状态等感官指标和酸价、过氧化值等理化指标做了规定。

　　植物油的色泽是由油脂中的色素决定的,既包括植物油脂中天然存在的色素,也包括在加工过程中形成的新生色素。其中,大部分天然色素对健康是有益的。如果食用油在加工时使用了变质原料或者生产过程比较粗放,在贮运、加工等产后环节不够规范,都会产生新生色素,从而使油品色泽加深。鉴于此,国外通常的做法是将所有的色素一并除去,以提高油品色泽指标,但同时也损失了其中有益的天然色素。

　　随着食用油加工工艺的进步,浸出毛油的色泽已经比较浅,其中有色物质主要是天然色素,新生色素极少。植物油脱色工艺已被重新定义,与其说是为除去色素,不如说是为脱除残磷、残皂、多环芳烃等。因此,色泽指标的内涵已经发生了变化,不再一味地要求澄清透明。新标准中规定油脂色泽为"具有产品应有的色泽",滋味、气味应具有产品应有的气味和滋味,无焦臭、酸败及其他异味。

除了感官指标外，《食品安全国家标准 植物油》（GB 2716—2018）还对植物油的酸价、过氧化值、极性组分、溶剂残留量、游离棉酚等理化指标做了规定。食用植物油（包括调和油）酸价（以氢氧化钾计）≤ 3 毫克 / 克，过氧化值 ≤ 0.25 克 /100 克，溶剂残留量 ≤ 20 毫克 / 千克（压榨油溶剂残留量不得检出），棉籽油的游离棉酚 ≤ 200 毫克 / 千克。

《食品安全国家标准 植物油》（GB 2716—2018）对污染物、真菌毒素、农药残留限量，食品添加剂及食品营养强化剂等也做了相关规定。其中，污染物限量参考《食品安全国家标准 食品中污染物限量》（GB 2762—2017）的规定，真菌毒素限量参考《食品安全国家标准 食品中真菌毒素限量》（GB 2761—2017）的规定，农药残留限量参考《食品安全国家标准 食品中农药最大残留限量》（GB 2763—2019）的规定，食品添加剂参考《食品安全国家标准 食品添加剂使用标准》（GB 2760—2014）的规定，食品营养强化剂参考《食品安全国家标准 食品营养强化剂使用标准》（GB 14880—2012）的规定。

81 食用油颜色的深浅跟质量有关系吗？

　　按照现有国家标准，大多数食用植物油都是品质越高，色泽越浅。所以，"同一种油颜色越浅品质越好"在某种程度上说是有一定参考价值的，但色泽并不是判断食用油质量的唯一标准。

　　食用油颜色的深浅与油料有关，不同油料加工成的食用油颜色不同。作为油料的主要成分，甘油三酯无色透明（脱镁），叶绿素、胡萝卜素、植物甾醇、磷脂等可使食用油显现黄色。

　　食用油颜色的深浅也与加工工艺有关。一般油品是按照加工工艺分级的。一级二级油经过了脱色和脱臭，所以色泽相应较浅，杂质含量少。从加工工艺角度看，同样的加工过程，颜色浅的食用油确实有优势，但过多的加工处理会导致维生素 E、植物甾醇、胡萝卜素等营养物质流失，过度脱色处理会增加油脂的生产成本。因此，从营养和经济的角度来讲，食用油的品质并不是色泽越浅越好，需要进行全面判断。

82 食用油中可能存在的安全风险因素有哪些？

食用油中除了反式脂肪酸、真菌毒素、重金属污染、农药残留等安全风险因子外，还有多环芳烃、塑化剂、3-氯丙醇酯等风险因子，严重影响食用油的营养与安全。

反式脂肪酸 天然的反式脂肪酸主要来源于马、牛、羊等反刍动物的脂肪及其乳制品。食用植物油中不含天然的反式脂肪酸，但是植物油在精炼过程中或深度煎炸等高温条件下会发生异构或聚合反应，生成反式脂肪酸。另外，食用植物油通过氢化工艺生产人造奶油等过程中，也容易产生反式脂肪酸。

黄曲霉毒素 花生、大豆等油料在生长、贮藏和运输过程中易受霉菌侵染，并产生真菌毒素，这些真菌毒素的亲脂性很强，极易转移到油脂中。常见的真菌毒素除了大家所熟知的黄曲霉毒素外，还有玉米赤霉烯酮、呕吐毒素等，但以黄曲霉毒素的毒性和致癌性最强。

多环芳烃 多环芳烃是指分子中含有 2 个或 2 个以上苯环，以线状或簇状排列的碳氢化合物，当苯环数量在 4 个以上时，毒性相对较高。油料作物生长环境中如有废水、废气和废渣排放，会使油料作物种子受多环芳烃的污染；在食用油运输或加工过程，如果接触到润滑油或矿物油等也会造成多环芳烃的污染。

塑化剂　常指邻苯二钾酸酯类，主要用于增强塑料的柔韧性。塑化剂属于脂溶性物质，与油脂接触时容易转移到油脂中。植物油中的塑化剂一方面来自农田塑料薄膜的污染，另一方面来自劣质塑料桶或瓶盖。

重金属污染和农药残留　植物油中的重金属污染主要包括铅、镉、汞、铬以及类金属砷等。我国食用植物油中铅、砷、锡和镍的限量与国际食品法典委员会的限量一致，分别为 0.1 毫克 / 千克、0.1 毫克 / 千克、250 毫克 / 千克 和 1 毫克 / 千克。

3- 氯丙醇酯（简称氯丙酯）　是指丙三醇的羟基被 1 个或 2 个氯取代形成的有毒化合物，可对人体健康产生潜在的危害。以 3- 氯丙醇酯为代表，它是 3- 氯丙醇与脂肪酸的酯化产物。3- 氯丙醇会引起小鼠肝脏和肾脏的损伤，降低大鼠的精子活性和精子数量，抑制雄性激素的分泌，使生殖能力下降甚至导致不育。截至目前，还没有 3- 氯丙醇酯对人体有直接毒性作用的官方报道，但进入体内的 3- 氯丙醇酯在肠道胰脂酶的作用下可水解成游离态的 3- 氯丙醇从而发挥毒性作用。此外，3- 氯丙醇酯的代谢物——缩水甘油酯被国际癌症研究机构划分为 2A 级，即很可能是致癌物。

甾醇氧化物　植物油中富含植物甾醇。植物甾醇是植物体内细胞膜的主要构成成分之一，具有降低胆固醇、预防心血管疾病等功效。但是，甾醇在高温、光照、金属离子或氧的诱导条件下，会生成不利于健康的甾醇氧化物。因此，食用油一定要避光保存，科学存储。

83 反式脂肪酸有什么危害？

近年来，反式脂肪酸成为和黄曲霉毒素一样令人闻之色变的食品安全风险因子。反式脂肪酸是一种不饱和脂肪酸，因化学结构上有一个或者多个非共轭反式双键而得名。

食品中的反式脂肪酸主要来源于植物油的氢化工艺。根据国家营养标签的规定，如果食品中反式脂肪酸含量超过0.3 克 /100 克，必须标注；如果低于 0.3 克 /100 克，可以标注"0 反式脂肪酸"。

反式脂肪酸对人体的危害已经有较为明确的科学依据。过量摄入反式脂肪酸会降低人体高密度胆固醇含量，增加低密度胆固醇含量，从而增加患心脑血管疾病的风险。有专家指出，过量食用反式脂肪酸会引起肥胖，影响生育，甚至会影响人的记忆力等。

反式脂肪酸对健康的风险是可控的。按照世界卫生组织建议，一个每天需要摄入 8 400 千焦能量的成年人，反式脂肪酸的摄入量要控制在 2.2 克以内。日常生活中保持食物多样化、均衡膳食即可避免过量摄入反式脂肪酸。

84 黄曲霉毒素有什么危害？

　　黄曲霉毒素是一类毒性极强的真菌毒素，可致畸、致癌、致突变。黄曲霉毒素通常是由食物或饲料中黄曲霉或寄生曲霉代谢产生的，其毒性因种类或结构不同而存在较大差异。到目前为止，发现至少存在有 14 种黄曲霉毒素，其中黄曲霉毒素 B_1

被公认致癌力最强。该毒素分布广泛，对绝大多数的食品原料或制品都可以造成不同程度的污染。黄曲霉毒素 B_1 不溶于水，耐热性极强，分解温度为 268℃，水洗、煎炒等烹饪方式难以破坏其结构。

黄曲霉毒素分子中具有双呋喃环结构，可干扰 tRNA 和 DNA 的合成，进而干扰细胞中蛋白质的合成，影响细胞代谢，最终可导致人或动物全身性的损害。人体流行病学和动物试验均已证明黄曲霉毒素对人及动物肝脏组织具有破坏作用，严重时可导致肝癌致人死亡。

植物油中花生油相对容易被黄曲霉毒素污染。如花生在收获、运输、贮存过程中受潮，发生霉变可能会产生黄曲霉毒素。在榨油过程中，必须清除发霉的花生粒，通过去除黄曲霉毒素 B_1 必要的精加工工艺，生产出的花生油可以放心食用。

因此，消费者应尽量选购符合国家标准的植物油，以此来保障自身的食用安全。

85 苯并 [a] 芘有什么危害？

苯并 [a] 芘已被世界卫生组织国际癌症研究机构列为强致癌物质，是目前已知的 20 多种致癌性多环芳烃中最具有代表性、国际公认的强致癌物质之一，其毒性甚至超过黄曲霉毒素。

流行病学调查及相关动物实验证明，苯并 [a] 芘与动物和人类的肺癌有一定的关系。苯并 [a] 芘能引发兔、鼠、鸭、猴等多种动物胃癌的发生，并可通过胎盘使其子代发生癌变，造成胚胎死亡、畸形或免疫功能下降。如果食品中有苯并 [a] 芘残留，即使食用时无任何反应，但会长期蓄积于体内并影响机体及后代健康。

苯并 [a] 芘具有较强的亲脂性，易溶于二甲苯、氯仿、乙醚、丙酮等有机溶剂，易聚集在油脂食品中，难溶于水。它可以通过呼吸道、消化道、皮肤等途径进入人体，在极低剂量下就可导致皮肤癌、肝癌、肺癌、乳腺癌和白血病的发生，是一种很强的致畸剂、致突变剂和内分泌干扰物。

食用油中苯并 [a] 芘的污染一是来自环境中的污染物，如煤炭燃烧的产物、机动车排放的尾气等，经大气沉降污染植物后转移到食用油中。食用油原料产地接近工业区或高速公路，被

污染的可能性更大。二是在食用油加工过程中，蒸炒料坯等高温工序的温度控制不当，也会促进原料中碳水化合物、蛋白质、脂类等成分的热分解和热聚合，产生苯并 [a] 芘。

86 塑化剂有什么危害？

　　塑化剂又称增塑剂，是一种高分子材料辅助剂。它可以增强保鲜膜等塑料制品的柔软性和粘黏性，在生鲜食品的包装和保存中得到广泛应用。塑化剂的分子结构与荷尔蒙相似，因此被称为"环境荷尔蒙"。人体如果摄入一定剂量的塑化剂，会形成假性的荷尔蒙信号，干扰人体的内分泌，最终导致内分泌失调等疾病，影响生殖健康。塑化剂引发的常见疾病有女性月经失调、子宫内膜增生，男性精子数量减少、不育症等，严重时甚至引发恶性肿瘤等。

87 有"哈喇"味的食用油还能不能吃？

食用油、糕点等食物放久了，会产生一股又苦又麻、刺鼻难闻的味道，俗称"哈喇"味。散发着"哈喇"味的食用油和食品已经变质，不可食用。

"哈喇"味是由油脂酸败产生的。食用油和食品中脂肪的酸败受脂肪酸饱和程度、光照、水分等多种因素的影响。在高温、光照或微生物的作用下，脂肪会分解成甘油和脂肪酸。而脂肪

酸又会进一步分解为酮和酮酸等羧基化合物，从而使酸败油脂带有一股"哈喇"味。有"哈喇"味的食用油，在加热时油烟大，呛人，并且会分解产生环氧丙醛。环氧丙醛也称缩水甘油醛，属中等毒性物质，食用后可能会出现以下不适反应：① 出现恶心、呕吐、腹痛；② 出现黏膜、皮肤发绀；③ 出现急性呼吸、循环功能衰竭现象。

88 食用油颜色变了还能吃吗？

多数植物油在光照条件下颜色会逐渐变浅，避光后，又会逐渐变深，这种现象称为"回色"或"返色"。油品颜色变化影响产品外观，直接影响消费者的选购，是油脂加工、贮存及流通领域的一个突出问题。

食用油的回色因品种而异。花生油、葵花籽油不易发生回色反应，其次是菜籽油、大豆油和棕榈油，玉米油则最容易发生回色反应。研究表明，油脂中总生育酚的含量越高，植物油越容易回色，其中 γ- 生育酚是造成油脂回色的主要因素，而 α- 生育酚不但不会造成油脂回色，反而能抑制回色反应的发生。当 α- 生育酚：γ- 生育酚 >1：3 时，增加 α- 生育酚的比例可抑制油脂回色，但会促进油脂的氧化。

油脂的回色反应是个非常复杂的变化，光照后的产物成分也十分复杂。目前的研究结果表明回色后的油脂对细胞的毒性较小，但对人体健康是否有影响还没有确切的定论。因此，建议消费者在存储食用油时尽量避光保存，防止油脂发生回色现象。

89 毛油能吃吗？

　　毛油是指从动物脂肪或植物油料中制取、未经精炼加工的初级油。毛油由于加工工艺简单，油品中含有大量杂质，如花生、玉米毛油中的黄曲霉毒素，影响人体健康；葵花籽、米糠毛油中的蜡质，大豆毛油中的磷脂等，不仅影响成品油的色泽、风味，还影响油炸食物的风味和口感。

　　毛油极易氧化变质，不宜长期储存，且存在农药残留、重

金属污染及其他有害物质的风险。因此，毛油尤其是采用浸出法制取的毛油不可以直接食用，必须要经过脱胶、脱酸、脱色、脱臭、脱蜡等一系列工序后才符合食品安全标准的规定。有些特种油料，如芝麻香油、茶籽油、橄榄油等在确保原材料质量的前提下，其毛油经过滤等初加工后可以在短期内食用。

浸出法生产的食用油安全吗?

　　浸出油，顾名思义是通过溶解浸泡萃取生产的植物油。溶剂浸出法是一种先进、科学的制油工艺。起源于 19 世纪 40 年代，由法国人迪斯申请并获得专利，经过上百年的发展，已经得到广泛的推广和应用。

　　浸出法主要是利用油脂与有机溶剂的互溶性质，经过浸泡或喷淋等方式，使溶剂与固体油料充分接触，从而将油脂萃取出来。有些消费者对浸出法生产的食用油的安全性有所顾虑，怀疑油脂提取过程所使用的有机溶剂对健康有害，甚至有传言说油脂是由汽油等溶剂提取出来的。事实上，我国油脂工业允许使用的抽提溶剂，都是符合国家安全标准的专用溶剂，除了对油脂具有超强的溶解力外，对非油的其他胶体化合物、硫化物等的溶解能力很小。而且，有机溶剂萃取油脂后，可利用其低沸点特性，后续通过蒸发、汽提、脱溶等工序进行溶剂回收和去除。

　　当然，经过溶剂萃取出来的毛油不可以直接食用，必须要经过一系列精炼工序并达到国家安全标准后，才能成为可出售的成品食用油。与压榨法相比，浸出法工艺的出油率更高，加工成本更低，油料资源利用更充分。用浸出法生产的食用油，只要符合我国食用油质量标准和卫生标准，都是安全的，可以放心食用。

91 油里有沉淀物还能吃吗？

　　精炼食用油一般无沉淀和悬浮物。沉淀物俗称油脚，主要是非甘油三酯物质，长期存放后沉于油的底层。

　　根据目前的加工水平，油脚出现的概率较低，消费者看到的更多可能是由于低温产生的絮凝，特别是冷榨油可能会出现此类情况。如花生油在低温条件下易因凝固产生沉淀，但是只要放入热锅加温，就可以融化，这种情况下，是可以正常食用的。如果油里面不仅有沉淀物，而且有很明显的"哈喇"味，说明油已经出现了明显的酸败现象，肯定不能再食用了。

　　人们在日常购买食用油时，应选择透明度高、风味和色泽正常的油。优质的植物油静置 24 小时后，应该澄清透明、无沉淀或者极微量沉淀（磷脂组分）。

"回锅油" 有什么风险?

"回锅油"通常是指炸制食品后回收再次使用的油。食用油高温加热后，油脂的稳定性降低，油中的胡萝卜素、维生素 E 等被破坏，多不饱和脂肪酸被氧化，营养价值降低。经高温加热的油，提供的热量只有未经高温加热油的 1/3 左右，而且不易被机体吸收，并妨碍同时进食的其他食物中营养物质的吸收。反复的高温加热使油脂发生热聚合反应和氧化反应，导致营养成分破坏，并产生大量的过氧化物、环状脂肪酸、环氧化物、环脂等毒性成分。高温加热时间越长，食用油的营养成分损失越多，有毒有害物质积累越多。过氧化物在后期储存中又会逐渐分解为醛、酮、酸和醇类等有害物质，不利于人体健康。长期食用反复加热的植物油不仅会抑制青少年的生长发育，还有可能诱发癌症、动脉粥样硬化并加速衰老。而且，油脂接触了食品中的水分之后，会发生水解作用，最终导致油色变黑，产生异味，不宜继续食用。因此应该尽量避免反复使用"回锅油"。

但是，普通家庭油炸食品后的油直接倒掉也是一种浪费，我们可以在油中加入蒜末、辣椒等调料制作成调味油，在凉拌菜或凉拌面时食用；也可以在饺子或包子馅料中使用。回锅油也可以用于炒菜，但不建议使用同一份油反复炸制食品，一般油炸次

数不宜超过 3 次。油炸食物时最好选择耐高温的菜籽色拉油、花生色拉油等，而不宜使用富含多不饱和脂肪酸的玉米胚芽油、葵花籽油、橄榄油、芝麻油等对高温敏感的油。亚麻籽油中富含的 ω-3 脂肪酸在空气、高温以及光照下容易发生氧化而失去原有功能，因此也不适合用来油炸食品。此外，油炸温度应该控制在 190℃以下，并使用铝锅或者不锈钢锅，因为铁锅或铜锅中的金属离子会加速油脂在高温下的变质和氧化。

附表　不同食用油的脂肪酸组成

（单位：%）

食用油	饱和脂肪酸	油酸	亚油酸	α-亚麻酸	芥酸
双低菜籽油	7.0	63.0	20.0	9.0	<1.0
红花油	7.0	20.0	73.0	0	0
核桃油	8.6	24.5	57.9	7.6	0
茶籽油	10.0	82.0	7.4	/	0
牡丹籽油	11.7	15.7	21.1	40.3	0
橄榄油	12.3	79.9	5.8	/	0
葵花籽油	12.5	23.8	62.2	1.0	0
玉米油	14.6	29.1	55.1	0.9	0
稻米油	14.7	13.8	68.0	3.5	0
亚麻籽油	15.2	0	18.6	62.4	0
芝麻油	15.3	39.0	44.9	/	0
大豆油	15.5	20.7	54.2	8.9	0
花生油	19.9	41.2	37.6	/	0
棉籽油	24.0	19.0	57.0	/	0
紫苏籽油	7.9	15.8	12.6	63.7	0
鸡油	33.8	41.4	15.0	0.5	0
猪油	48.5	34.6	9.4	0.3	0
棕榈油	51.0	39.0	10.0	/	0
羊油	59.6	17.7	1.6	0.9	0
牛油	64.6	16.5	2.5	0.3	0
椰子油	92.5	6.5	0.7	/	0

参 考 文 献

包音都古荣·金花，HESHUOTE M，呼格吉勒图，等，2016. 动物性油脂
　　和植物油的安全性分析与评价 [J]. 中国畜牧兽医，43（4）：1 111-1 117.

曹君，2015. 不同脂肪酸结构食用油的氧化规律及其动力学研究 [D]. 南昌：
　　南昌大学.

邓金良，刘玉兰，王小磊，等，2020. 不同储存条件对浓香花生油风味及
　　综合品质的影响 [J]. 食品科学，41（17）：231-237.

邓乾春，杨景彦，许继取，等，2014. 脂肪酸甾醇酯的不饱和度对其降脂
　　活性及氧化稳定性的影响 [J]. 中国食品学报，14（7）：14-20.

范理宏，徐建东，冯殿恩，2015. 怎样吃油更健康 揭秘厨房里的食用油
　　[M]. 北京：人民卫生出版社.

方冰，王瑛瑶，栾霞，等，2016. 生育酚及甾醇含量对大豆油氧化稳定性
　　及贮藏稳定性的影响 [J]. 中国粮油学报，31（11）：69-73.

冯西娅，黄威，索化夷，等，2019. 牡丹籽油甘油三酯结构及理化特性分
　　析 [J]. 食品与发酵工业，45（21）：258-263.

耿树香，宁德鲁，韩明珠，等，2019. 云南核桃主要栽培品种蛋白质及脂
　　肪酸综合评价分析 [J]. 中国油脂，44（10）：116-120，141.

国家市场监督管理总局，中国国家标准化管理委员会，2018. 芝麻油：GB/
　　T 8233—2018[S]. 北京：中国标准出版社.

国家卫生健康委员会，国家市场监督管理总局，2019. 食品安全国家标准
　　植物油：GB 2716—2018[S]. 北京：中国标准出版社.

韩领，张珍，夏晓洋，等，2017. 油菜籽脂质伴随物与慢性病关系的研究
　　进展 [J]. 中国食物与营养，23（6）：72-75.

韩雪源，2015. 牡丹籽油脂肪酸及其他功能成分分析 [D]. 杨凌：西北农林
　　科技大学.

何东平，2005. 油脂精炼与加工工艺学 [M]. 北京：化学工业出版社.

何东平，白满英，王明星，2014. 粮油食品 [M]. 北京：中国轻工业出版社.

何东平，王兴国，闫子鹏，等，2016. 食用油小百科 [M]. 北京：中国轻工
　　业出版社.

黄凤洪，黄庆德，刘昌盛，2004. 脂肪酸的营养与平衡 [J]. 食品科学，25
　　（z1）：262-265.

黄林纳，2009. 我国主要油料作物及植物油的起源与发展史 [J]. 信阳农业高
　　等专科学校学报，19（4）：127-129.

黄清，郑明明，时杰，等，2015. 脂溶性抗氧化剂酚酸酯的制备与活性研
　　究进展 [J]. 中国油料作物学报（4）：583-588.

霍娟娟，2011. 从古代文献看中国古代榨油技术 [J]. 四川烹饪高等专科学校
　　学报（5）：17-18.

纪俊敏，葛正法，刘玉兰，等，2019. 食用植物油中的主要风险因子及法
　　规限量 [J]. 粮食与油脂，32（8）：4-8.

金青哲，王兴国，2011. 食用油产品开发与质量标准制修订绉议 [J]. 粮食与
　　油脂（7）：1-4.

金鑫，臧茜茜，葛亚中，等，2015. 缓解视疲劳功能食品及其功效成分研
　　究进展 [J]. 食品科学，36（3）：258-264.

李殿荣，陈文杰，于修烛，等，2016. 双低菜籽油的保健作用与高含油量
　　优质油菜育种及高效益思考 [J]. 中国油料作物学报，38（6）：850-854.

李杨，张雅娜，王欢，等，2014. 水酶法提取大豆油与其他不同种大豆油
　　品质差异研究 [J]. 中国粮油学报，29（6）：46-52.

廖伯寿，2020. 我国花生生产发展现状与潜力分析 [J]. 中国油料作物学报，42（2）：161-166.

刘芳，2015. 吃油的革命：别让一勺油毁掉全家人的健康 [M]. 北京：中国轻工业出版社.

刘军海，裴爱泳，张海晖，2004. 植物甾醇酯和植物甾烷醇酯的制取和应用研究进展 [J]. 中国油脂，29（2）：43-46.

刘英，2009. 中国古代作物油料研究 [D]. 杨凌：西北农林科技大学.

刘玉兰，黄会娜，范文鹏，等，2019. 小米糠（胚）制油及油脂品质研究 [J]. 中国粮油学报，34（5）：44-49，55.

柳泽深，姜悦，陈峰，2016. 花生四烯酸、二十二碳六烯酸和二十碳五烯酸在炎症中的作用概述 [J]. 食品安全质量检测学报，7（10）：3 890-3 899.

罗松彪，张秀荣，汪强，等，2019. 新时代我国芝麻产业发展探析 [J]. 安徽农学通报，25（2）：47-49，61.

施佳慧，吕桂善，徐同成，等，2008. 磷虾油的脂肪酸成分及其降血脂功能研究 [J]. 营养学报，30（1）：115-116.

师高民，2021. "五谷"起源考之三：大豆和玉米 [J]. 中国粮食经济（1）：76.

宋宇，2018. 元明清时期油脂研究 [D]. 郑州：郑州大学.

汤富彬，沈丹玉，刘毅华，等，2013. 油茶籽油和橄榄油中主要化学成分分析 [J]. 中国粮油学报，28（7）：108-113.

唐传核，孟岳成，1999. 芝麻油的成分及特有的生理活性功能 [J]. 西部粮油科技，24（2）：18-20.

王斌，赵利，王利民，等，2018. 胡麻种质资源主要品质性状的分析与评价 [J]. 中国油料作物学报，40（6）：785-792.

王洪健，马静瑜，蔡双福，等，2018. 紫外处理对黄曲霉毒素 B_1 及花生油品质的影响 [J]. 食品研究与开发，39（15）：187-190，224.

王力清，2014. 食用油知多少 [M]. 北京：中国标准出版社 .

王楠楠，汪学德，刘宏伟，等，2019. 焙炒对压榨芝麻油品质及抗氧化活性的影响研究 [J]. 中国油脂，44（9）：7–11.

王瑞元，2015. 中国稻米油发展的现状与展望 [J]. 粮食与食品工业，22（2）：1–2，8.

王小波，2008. 油菜薹的食疗作用 [J]. 档案时空（5）：41.

王星光，宋宇，2017. 魏晋至隋唐时期油脂生产与应用探研 [J]. 中国农史，36（4）：34–46.

王兴国，金青哲，2012. 油脂化学 [M]. 北京：科学出版社 .

王志强，李素萍，2013. 我国向日葵生产机械化现状存在的问题及发展建议 [J]. 农村牧区机械化（4）：29–31.

卫海莲，吕昕，谢亚，等，2019. 利用超高效液相色谱 – 飞行时间 – 串联质谱法分析青刺果油中的脂质成分 [J]. 中国油料作物学报，41（6）：947–955.

魏永生，郑敏燕，耿薇，等，2012. 常用动、植物食用油中脂肪酸组成的分析 [J]. 食品科学，33（16）：188–193.

吴晶晶，郎春秀，王伏林，等，2020. 我国食用植物油的生产开发现状及其脂肪酸组成改良进展 [J]. 中国油脂，45（5）：4–10.

吴克刚，柴向华，2000. DHA 对大脑及视力的保健作用 [J]. 食品研究与开发，21（2）：41–43.

夏秋瑜，李瑞，唐敏敏，等，2012. 天然椰子油的组分及其对花生油氧化稳定性的影响 [J]. 中国粮油学报，27（9）：64–66，70.

熊秋芳，张效明，文静，等，2014. 菜籽油与不同食用植物油营养品质的比较：兼论油菜品质的遗传改良 [J]. 中国粮油学报，29（6）：122–128.

许春芳，董喆，郑明明，等，2019. 不同产地的紫苏籽油活性成分检测与主成分分析 [J]. 中国油料作物学报，41（2）：275–282.

杨陈，胡超，黄凤洪，2017. 膳食脂肪酸调节肠道菌群促进机体健康的研究进展 [J]. 中国食物与营养，23（12）：5-9.

杨瑞楠，张良晓，毛劲，等，2018. 双低菜籽油营养功能研究进展 [J]. 中国食物与营养，24（11）：58-63.

臧茜茜，陈鹏，张逸，等，2017. 辅助降血糖功能食品及其功效成分研究进展 [J]. 中国食物与营养，23（7）：55-59，88.

张宸，2008. 我国主要食品中黄曲霉毒素 B₁ 调查与风险评估 [D]. 杨凌：西北农林科技大学.

张雯丽，2020. 中国特色油料产业高质量发展思路与对策 [J]. 中国油料作物学报，42（2）：167-174.

张雅娜，齐宝坤，郭丽，等，2019. 水酶法芝麻油与其他工艺芝麻油品质差异研究 [J]. 中国油脂，44（9）：36-40，46.

张余权，2015. 植物油储存过程中回色机理研究 [D]. 无锡：江南大学.

赵丹，汪学德，张润阳，等，2018. 制油工艺对油脂品质的影响研究 [J]. 中国油脂，43（6）：11-15.

赵霖、鲍善芬、傅红，2015. 油脂营养健康：厨中百味油为贵 [M]. 第 2 版. 北京：人民卫生出版社.

中华人民共和国国家质量监督检验检疫总局，中国国家标准化管理委员会，2005. 菜籽油：GB 1536—2004[S]. 北京：中国标准出版社.

中华人民共和国国家质量监督检验检疫总局，中国国家标准化管理委员会，2018. 花生油：GB/T 1534—2017[S]. 北京：中国标准出版社.

中华人民共和国国家质量监督检验检疫总局，中国国家标准化管理委员会，2018. 大豆油：GB/T 1535—2017[S]. 北京：中国标准出版社.

中华人民共和国国家质量监督检验检疫总局，中国国家标准化管理委员会，2020. 橄榄油、油橄榄果渣油：GB/T 23347—2009[S]. 北京：中国标准出版社.

中华人民共和国卫生部，2011. 食品安全国家标准 婴儿配方食品：
GB 10765—2010[S]. 北京：中国标准出版社.

中华人民共和国卫生部，2011. 食品安全国家标准 预包装食品标签通则：
GB 7718—2011[S]. 北京：中国标准出版社.

周晓晶，2014. 紫苏种子脂肪酸、醇提物成分含量分析及其抗氧化活性研
究 [D]. 北京：北京林业大学.

邹建凯，2002. 椰子油甘油三酯的高温气相色谱 / 质谱分析 [J]. 分析化学，
30（4）：428–431.

DENG Q, WANG Y, WANG C, et al., 2018. Dietary supplementation with
Omega-3 polyunsaturated fatty acid-rich oils protects against visible-light-
induced retinal damage in vivo[J]. Food and Function, 9(4): 2 469-2 479.

DENG Q, YU X, MA F, et al., 2017. Comparative analysis of the in-vitro
antioxidant activity and bioactive compounds of flaxseed in China according
to variety and geographical origin[J]. International Journal of Food
Properties, 20(s3): 2 708-2 722.

DENG Q, YU X, XU J, et al., 2012. Effect of flaxseed oil fortified with vitamin
E and phytosterols on antioxidant defense capacities and lipids profile in
rats[J]. Journal of Food Science, 77(6):135-140.

DENG Q, YU X, XU J, et al., 2016. Single frequency intake of α-linolenic acid
rich phytosterol esters attenuates atherosclerosis risk factors in hamsters fed a
high fat diet[J]. Lipids in Health and Disease, 15(1): 23.

XIA X, XIANG X, HUANG F, et al., 2018. Cellular antioxidant activity assay
and cytotoxicity of canolol[J]. Oil Crop Science, 3(2):111-121.

XIA X, XIANG X, HUANG F, et al., 2018. Dietary polyphenol canolol from
rapeseed oil attenuates oxidative stress-induced cell damage through the
modulation of the p38 signaling pathway[J]. RSC Advances, 8(43): 24 338-24 345.

XU J, LIU X, GAO H, et al., 2015. Optimized rapeseed oils rich in endogenous micronutrients protect high fat diet fed rats from hepatic lipid accumulation and oxidative stress[J]. Nutrients, 7(10): 8 491-8 502.

XU J, RONG S, GAO H, et al., 2017. A Combination of flaxseed oil and astaxanthin improves hepatic lipid accumulation and reduces oxidative stress in high fat-diet fed rats[J]. Nutrients, 9(3): 271.

YANG C, DENG Q, XU J, et al., 2019. Sinapic acid and resveratrol alleviate oxidative stress with modulation of gut microbiota in high-fat diet-fed rats[J]. Food Research International, 116: 1 202-1 211.

ZHENG C, YANG M, ZHOU Q, et al., 2018. Bioactive compounds and antioxidant activities of cold-pressed seed oil[J]. Oil Crop Science, 3(3):189-200.